电气自动化新技术丛书

多变量过程智能优化辨识理论及应用

杨 平　康英伟　徐春梅　李 芹　彭道刚　著

U0178552

机械工业出版社

本专著主要探讨面向控制工程需求的多变量过程辨识的应用理论问题，探索可工程实现的多变量过程辨识新方法和新技术。

本专著给出一种多变量过程模型智能优化辨识问题陈述，提出了多变量过程模型辨识准确度计算与评价方法，提出了多变量过程的模型框架和结构确定方法，提出了多变量过程模型准确辨识的激励条件，提出了融入机理分析建模的多变量过程模型辨识思路，提出了基于 M 批不相关自然激励和汇总智能优化的多变量过程辨识理论，通过再热汽温过程、过热汽温过程和脱硝过程的建模案例研究验证了所提出的关于多变量过程模型辨识新理论方法的有效性。本专著尽力避免晦涩难懂和故弄玄虚的理论阐述，专注于可解决工程实际问题的应用理论问题研究。所提出的理论方法和应用技术可认为是当前流行的大数据分析中急需的一种人工智能应用技术——数据驱动建模技术。

本专著适合于从事控制理论应用研究以及有关大数据分析、人工智能、智能工厂、智能机器和智能识别研究的高校师生和研究所研究员参考，也适合于从事电力、化工、信息、能源等产业的有关自动化及智能装备的研发维护工程师和技术人员阅读。

图书在版编目（CIP）数据

多变量过程智能优化辨识理论及应用/杨平等著 . —北京：机械工业出版社，2021. 12

（电气自动化新技术丛书）

ISBN 978-7-111-69708-4

Ⅰ. ①多… Ⅱ. ①杨… Ⅲ. ①过程控制 Ⅳ. ①TP273

中国版本图书馆 CIP 数据核字（2021）第 245020 号

机械工业出版社（北京市百万庄大街22 号 邮政编码100037）

策划编辑：林春泉　　　　　责任编辑：林春泉　翟天睿

责任校对：藩　蕊　刘雅娜　封面设计：鞠　杨

责任印制：李　昂

北京捷讯佳彩印刷有限公司印刷

2022 年3 月第1 版第1 次印刷

169mm×239mm · 10. 5 印张 · 213 千字

0 001—1 500 册

标准书号：ISBN 978-7-111-69708-4

定价：55. 00 元

电话服务　　　　　　　　　网络服务

客服电话：010-88361066　　机 工 官 网：www. cmpbook. com

　　　　　010-88379833　　机 工 官 博：weibo. com/cmp1952

　　　　　010-68326294　　金 书 网：www. golden-book. com

封底无防伪标均为盗版　　机工教育服务网：www. cmpedu. com

前言

PREFACE

迄今为止，多变量过程辨识是先进控制技术在实际工程中推广应用的一个公认难题。大量实践研究证明，用现有的多变量过程辨识技术很难辨识出准确的多变量过程模型，究其原因是现有的多变量过程辨识理论存在固有缺陷，没有确切的理论证明多变量过程模型的准确辨识可以实现，并且至今还没有取得关键性的突破。按照现有的多变量过程辨识理论，人们的认识还停留在多变量系统辨识可以看作单变量系统的扩展。因此，大多数人以为用单变量系统辨识可以解决多变量系统辨识的问题，于是长期以来多变量过程辨识的理论研究聚焦在如何把多变量过程模型用单变量模型来表述的模型转换上。一旦实现了用若干个单变量的子系统表征一个多变量系统，就可以套用单变量的系统辨识算法去计算多变量过程模型参数。但现在看来这种研究思路是有问题的，因为多变量过程和单变量过程的最大区别在于多输入变量有可能同时对任一输出变量产生作用，若是能用解耦器解除这种耦合作用，那么单变量过程辨识理论就可以用了。但是解耦器可用的前提是已知过程模型，这等于说解耦之路走不通。总之，多变量过程辨识理论的研究是绕不开多变量耦合作用这个本质问题的。既然如此，多变量过程辨识理论的研究就应该围绕多变量耦合作用这个关键问题来研究解决之道，但是目前为止还没有看到突破和进展。

在《闭环过程辨识理论研究及应用》一书中，我们提出了过程辨识的六要素，除了传统的三要素（数据、模型类和准则）外，新加的要素是"过程""激励""优化"。之所以添加这三个要素，是源于对过程辨识更深入的认知。因此，多变量过程辨识依然像单变量过程辨识一样，需要考虑"过程""激励""优化"这三种新要素。首先，针对实际过程所辨识出的模型究竟准不准，应该考核的是实际过程和所辨识出模型之间的吻合度，而不仅仅是模型响应数据和实际过程响应数据之间的吻合度。事实上，人们早已发现那些数据拟合很好的模型并不一定能真正代表实际过程，这两者之间的动态特性可能相差十万八千里，所以"过程"要素不可不加。其次，人们早已发现所采集到的实际过程响应数据能否体现实际过程特性与辨识时输入激励信号的关系很大。显然，强激励带来强响应数据，弱激励带来弱响应数据，零激励只能带来零响应数据，噪声激励只能带来噪声响应数据。强响应数据意味着某些过程变量超限，属于事故状态特性，可能危及生产安全，所以是不被期待的；弱响应数据也不好，因为过程所具有的动态特性激发不足，辨识出的过程模型将有所缺失；零响应数据就更不能用了，因为只能辨识出虚假模型，所以所期待的是不强也不弱的激励得来的恰到好处的响应数据，因此"激励"要素不能不专门考虑。再者，传统辨识的优化计算只是最小二乘算法一家独大，那时"优化"要素和"准则"要素合并在一起考虑是可以被接受的。但是，进入到智能时代以后，有了更优越的智能优化算法，有了更强大的计算机技术，几万次迭代优化计算可以瞬间完成，"优化"要素就不得不单独列出了。大量的研究文献已经表明，用智能优化技术可突破用最小二乘优化技术的局限性，解决了许多原先用最小二乘优化技术不能解决的过程辨识问题，显著提高了过程辨识的精度。如果不重视"优化"要素的存在，则很有可能得到误差很大的辨识模型。

在以下展开的多变量过程辨识理论研究中，新加的要素"过程"和"激励"启发了我们新的研究思路。受"过程"要素启发的一条思路就是通过机理分析建模技术确定被辨识过程的模型结构和参数域。研究表明，要想让所辨识出的模型吻合实际过程特性，首先要让所确定的模型结构吻合实际过程特性。这对于单变量过程辨识是需要的，对于多变量过程辨识是更加需要的，因为所辨识出的模型与实际过程特性之间最大的误差莫过于模型结构不吻合。例如，实际过程特性是惯性特性，所确定的辨识模型结构也应该是惯性特性结构；若是选用振荡特性结构模型，则辨识模型特性将永远无法与实际过程特性吻合。必须指出，已经有过不少关于模型结构辨识的研究报道，但是，已提出的模型结构辨识仅仅局限于对模型阶数的辨识。即便能准确辨识出模型阶数，也解决不了以上所提出的确定模型结构的问题，因为我们所需要的是更深层次模型结构的确定。对线性模型而言，就是零点和极点的确定。例如，确定模型有左实极点，就可以确认被辨识过程含有惯性特性；确定有左复极点，就可知被辨识过程含有振荡特性。确定被辨识过程模型结构的问题，目前有三种方法：一是由人任凭经验确定；二是用机理分析建模技术来确定；三是用类似数据挖掘的技术来确定。综合考虑，由人凭经验确定和用类似数据挖掘的技术来确定的方法具有较大的盲目性，而采用机理分析建模技术来确定被辨识过程的模型结构更有科学依据。而且，只要被辨识过程装置的设计制造资料齐全，采用机理分析建模技术不但能确定被辨识过程的模型结构，还可以估算出模型参数的合理参数域。受"激励"要素启发的一条思路就是优选自然激励的生产运行大数据来保证被辨识过程的数据富含过程特性信息。

这本专著还可以看成是作者《多容惯性标准传递函数控制器——设计理论及应用技术》《PID 控制器参数整定方法及应用》《闭环过程辨识理论及应用技术》三本专著的后续。因为《多容惯性标准传递函数控制器——设计理论及应用技术》提出了一种依赖于过程模型的先进控制技术，《PID 控制器参数整定方法及应用》提出了依赖于过程模型的 PID 控制器参数整定技术，《闭环过程辨识理论及应用技术》提供了一套在闭环控制条件下进行单变量过程模型辨识的实用理论和技术，而眼下这本专著重在解决多变量过程模型的准确辨识问题。这四本专著将构成一套行之有效的先进过程辨识和控制理论及应用技术。

作 者

2021 年 5 月 1 日

CONTENTS 目录

前言
第1章　多变量过程辨识研究进展点评 …………………… 1
1.1　基于最小二乘法的多变量过程辨识研究 …………… 3
1.2　基于子空间法的多变量过程辨识研究 ……………… 7
1.3　基于闭环顺序激励法的多变量过程辨识研究 ……… 9
1.4　基于智能优化法的多变量过程辨识研究 …………… 10
1.5　现有多变量过程辨识理论的工程应用问题思考 …… 12
1.6　基于自然激励动态响应数据的多变量过程智能
　　优化辨识研究 ………………………………………… 12
1.7　融入数据挖掘技术的多变量过程辨识研究 ………… 15
1.8　融入机理分析建模的多变量过程辨识研究 ………… 16

第2章　多变量过程智能优化辨识理论 ……………… 18
2.1　多变量过程模型智能优化辨识问题 ………………… 18
2.2　多变量过程模型辨识准确度计算准则 ……………… 19
2.3　多变量过程模型智能优化辨识算法 ………………… 22
2.4　多变量过程模型准确辨识的激励条件 ……………… 23
2.5　非零初态条件下的多变量过程辨识 ………………… 29
2.6　多变量过程模型结构的确定方法 …………………… 30
2.7　基于闭环控制机理的多变量过程模型框架构建 …… 34

第3章　基于机理分析的典型多变量过程建模

原理及模型 ·· 36

3.1　机械过程的动态特性机理分析模型 ·············· 36

3.2　流体过程的动态特性机理分析模型 ·············· 38

3.3　传热过程的动态特性机理分析模型 ·············· 41

3.4　电气过程的动态特性机理分析模型 ·············· 44

3.5　化学反应过程的动态特性机理分析模型 ········· 46

3.6　混合系统的动态特性机理分析模型 ·············· 48

第4章　融入机理分析建模的多变量过程辨识 ········· 53

4.1　用机理分析方法确定多变量过程模型总体架构 ··········· 54

4.2　用机理分析建模方法确定多变量过程模型的子模型

结构 ·· 55

4.3　用机理分析方法确定的多变量过程模型的子模型

参数域 ·· 56

4.4　融合机理分析建模的多变量过程模型辨识流程 ··········· 56

第5章　基于M批不相关自然激励和汇总智能优化的

多变量过程辨识理论 ·························· 58

5.1　基于M批不相关自然激励和汇总优化的多变量过程辨识

理论概述 ·· 58

5.1.1　多变量过程模型的传递函数矩阵表达 ········ 59

5.1.2　多变量过程模型辨识的M批不相关激励 ········· 59

5.1.3　多变量过程模型辨识的M批不相关自然激励响应

数据的选取 ·································· 61

5.1.4　多变量过程模型辨识的汇总优化指标设计和智能优化

辨识算法 ···································· 62

5.2　多变量过程辨识的 MUNEAIO 方法的实验验证 ············ 63

5.2.1　基于已知模型的多变量过程辨识的 MUNEAIO 方法的

实验验证 ···································· 63

5.2.2　多变量过程辨识的 MUNEAIO 方法与传统方法的实验

对比 ·· 67

5.2.3　针对未知模型的实际多变量过程辨识的 MUNEAIO

方法的实验验证 ······························ 72

第6章　多变量过程辨识新理论的应用案例——再热汽温过程建模 …………………………………………………… 77

6.1　换热过程的动态机理分析建模方法 …………………………… 77

6.1.1　单相受热管分布参数模型及建模基本假定 ………… 78

6.1.2　单相受热管分布参数模型的基本方程组 …………… 79

6.1.3　线性化处理 ……………………………………………… 81

6.1.4　传递函数模型的导出 ………………………………… 83

6.1.5　单相受热管分布参数传递函数模型的简化 ………… 85

6.1.6　单相受热管简化模型的工程应用问题与解决方法 … 87

6.1.7　单相受热管分布参数简化模型的误差分析与准确度

评价 ………………………………………………………… 93

6.2　再热器汽温动态过程的机理建模 ……………………………… 96

6.2.1　再热汽温系统的影响因素 …………………………… 96

6.2.2　再热汽温过程机理建模 ……………………………… 97

6.3　再热器过程模型的多变量过程辨识新理论应用案例 ……… 102

6.3.1　再热汽温系统模型结构的确定 ……………………… 102

6.3.2　低温再热汽温过程的 MUNEAIO 建模 …………… 103

6.3.3　高温再热汽温过程的 MUNEAIO 建模 …………… 107

第7章　多变量过程辨识新理论的应用案例——过热汽温过程建模 …………………………………………………… 111

7.1　过热蒸汽温度喷水减温过程的模型结构 …………………… 111

7.2　模型辨识数据的采集和选用 ………………………………… 113

7.2.1　模型辨识数据的采集 ………………………………… 113

7.2.2　模型辨识数据的选用 ………………………………… 113

7.2.3　模型辨识数据和模型验证数据的分配 …………… 114

7.3　基于 MUNEAIO 方法的过热器减温器过程融合

建模实验 …………………………………………………………… 115

7.4　基于传统 MIMO 方法的过热器减温器过程融合

建模实验 …………………………………………………………… 117

7.5　两种辨识方法建模的模型验证比较 ………………………… 118

第8章 多变量过程辨识新理论的应用案例——脱硝过程建模 ·········· 119

8.1 脱硝过程的动态机理分析建模 ························· 119

8.1.1 SCR 脱硝过程工艺 ··························· 119

8.1.2 基于机理分析的 SCR 脱硝反应器非线性
动态模型 ······························· 120

8.1.3 SCR 脱硝反应器的线性状态空间模型 ·········· 123

8.1.4 SCR 脱硝反应器的传递函数模型 ············· 124

8.2 SCR 脱硝过程的过程模型的多变量过程辨识案例 ······· 125

第9章 结论与展望 ································· 132

9.1 结论 ··································· 132

9.1.1 多变量过程辨识的研究进展点评 ············· 132

9.1.2 多变量过程模型智能优化辨识问题陈述 ·········· 134

9.1.3 多变量模型辨识准确度计算和评价 ············ 135

9.1.4 多变量过程的模型框架和结构确定方法 ········· 136

9.1.5 多变量过程模型准确辨识的激励条件 ·········· 138

9.1.6 典型多变量过程的机理分析建模原理及传递函数
模型 ································· 140

9.1.7 融入机理分析建模的多变量过程模型辨识方法 ····· 143

9.1.8 基于 M 批不相关自然激励和汇总智能优化的多变量
过程辨识 ······························ 144

9.1.9 多变量过程模型辨识新理论的应用案例研究 ········ 145

9.2 展望 ··································· 146

参考文献 ······························· 148

第1章

多变量过程辨识研究进展点评

过程辨识理论发展至今已经有了不少研究成果，若按发展历程分类，则可分为两大类，即经典辨识法和现代辨识法。所谓经典辨识法指的是时域法（阶跃响应测试法、脉冲响应测试法）、频域法、相关分析法和谱分析法；所谓现代辨识法指的是最小二乘法、最小二乘扩展法（增广最小二乘法、广义最小二乘法、辅助变量法、相关二步法、偏差补偿最小二乘法）、梯度校正法、极大似然法、预报误差法和智能优化法（请允许将智能优化法归在现代辨识法一类，因为它是目前流行的过程辨识主流方法）。若查询经典的教科书文献[1-11]，则会发现还没有智能优化辨识法这一分类的提法。不过，从目前成为研究热点的智能优化辨识研究文献[12-30]不断增长的趋势来看，智能优化辨识法迟早会成为最主要的过程辨识方法之一。

众所周知，被辨识的过程可分为单变量（Single Input and Single Output，SISO）系统和多变量（Multiple Input and Multiple Output，MIMO）系统两大类。对于单变量过程辨识的研究，已然较多、较广、也较深入，而对于多变量过程辨识的研究则相差甚远，尤其是可用的成果很少。多数学者还以为，多变量过程辨识问题只要套用单变量过程辨识的方法就可解决，但是多年来的科学实践结果证明并非如此。毫无疑问，多变量过程辨识本应有自身的学问，在没有真正地掌握这门学问之前是不可能解决多变量过程辨识的本质问题的。所以，多变量过程辨识的研究焦点应在多变量过程辨识领域内，而不是总想着把多变量过程辨识问题转化为单变量过程辨识问题来解决。仅就过程辨识原理而言，多变量过程辨识和单变量过程辨识没有本质的区别。一个有力的证据是，多变量过程辨识的最小二乘算式与单变量过程辨识的最小二乘算式相比，在形式上没有区别，最多是向量和矩阵的差别。但是，真正的执行过多变量过程辨识的实际工程后才会发现，多变量过程辨识其实非常困难，结果常常是算不下去或算不出可用结果。

虽然可以查阅到许多与多变量过程辨识相关的研究文献[12-160]，但是真正在多变量过程辨识上有重大理论突破的寥寥无几。尽管许多研究者都宣称，所提出的

2

理论方法已经得到实际工程应用案例的佐证，是正确的和实际可行的。但是，许多年的时光流逝，证明了许多所谓理论方法并未真正突破实际应用道路上的障碍，所描述的美好应用前景只不过是远方的海市蜃楼。从具有工程应用潜力的角度出发，不妨先筛选出四类辨识方法展开研究，这四类方法是最小二乘辨识法、子空间辨识法、顺序激励辨识法和智能优化辨识法。仅就工程实用性考虑，最容易实施的还是智能优化辨识法，最难实施的反而是最小二乘辨识法。用最小二乘法进行辨识计算，看似简单，但是面对各种实际复杂条件下汇集的数据，根本无法保证所需求解的逆矩阵是否存在。用智能优化法辨识首先是没有了矩阵求逆的障碍；其次是不管算出的模型是否准确，都能算出模型参数。用子空间法辨识，还没有太多的人愿意去尝试将其用于实际工程，或许是因为子空间辨识法仍然是一种开环辨识有偏的次优方法，且用于闭环条件下的多变量过程辨识还有许多障碍问题无法解决。用顺序激励法辨识，虽然在理论上和仿真实验来看是没有问题的，但是在实际工程中实施几乎不可能，因为对于开环条件的顺序激励法辨识，每次只让改变一个过程输入的激励而其他的过程输入不许变，这个限制条件对于大多数过程控制系统完全无法保证实际生产的运行安全性。对于闭环条件的顺序激励法辨识，虽然顺序激励各控制回路的设定值没有问题，但是将多变量过程辨识化解为单变量过程辨识的解耦计算涉及具体的控制器和具体的激励信号，使得所导出的辨识方法失去了通用性。

对于已提出的多变量过程辨识方法的工程实用性研究，还应包括激励信号的施加问题、环境噪声的影响、被辨识过程的非线性特性以及闭环反馈控制的影响。因此就目前看来，所做的研究还是远远不够的。

按照现有的过程辨识理论，大多要求外加激励信号，比如常见的伪随机二位式序列（Pseudo Random Binary Sequence，PRBS）信号。但是，现场工程师为了生产安全，坚决反对任何外加激励信号，可见外加激励已成为辨识理论实际应用的一个大障碍。如果能研究出不用外加激励就可完成辨识任务的理论方法，那么这种理论就是受欢迎的实用理论。这就是正在受到关注的基于自然激励动态响应数据的多变量过程辨识理论的专题研究[131-144]。基于自然激励动态响应数据的多变量过程辨识理论也符合当今大数据分析和人工智能应用流行的时代需求。

从实际应用来看，现有的过程辨识理论对过程的模型结构以及模型结构误差的研究太少，以至于在辨识理论的实际应用过程中，总是很随意地假定一个模型结构，然后用很多数据做很复杂的计算，最后得到一个与实际过程特性相差甚远的辨识模型。其实辨识的最大误差常常源于过程模型结构，如果从根上就错了，那是费多少力气也挽救不过来的。因此，应当对融入机理分析建模的多变量过程辨识的专题研究[150-164]给予更多的关注。

有些研究文献[54-56]给出了关于多变量过程辨识研究的简略历史。

多变量过程辨识是20世纪60年代末发展起来的。1969年，Gopinath[31]通过线性时不变多变量过程的输入输出数据来研究辨识多变量系统模型。20世纪70年代初，Budin[32,33]、Passeri[34] 和 Gupta[35] 均采用状态空间模型来研究多变量系统辨识。但是在当时，由于基于状态空间模型的多变量系统辨识计算量大，所以即使是辨识阶次低得多的变量系统，也需要很长的计算时间，所以许多人把研究方向转向了采用多项式矩阵的输入输出方程来进行多变量系统模型辨识。1975 年，Guidozi[36] 提出了利用线性多变量系统规范型进行系统辨识的参数化方法，他建立了系统状态方程可观测规范型第 1 型和输入输出差分方程规范型之间的等价关系。1976 年，Sinha 和 Kwong[37]，Gauthser 和 Laudau[38] 导出了参数辨识递推算法，并推广到有色噪声下的辨识。1979 年，Sherief 和 Sinha[39] 对多变量系统的辨识用了随机逼近的方法。1981 年，王秀峰和卢贵章[40] 改进了 Guidorzi 方法，不需要求行列式值，所需计算量大大减少。1983 年，Diekmann[41-43] 推出了子模型（Submodels 或 SM）、子子模型（subsubmodels 或 SSM）辨识递推算法。1982 年，Boker 和 Keviczky[44] 给出了多变量 CARMA 模型阶的 F 检验判别法。1986 年，邓自立和郭一新改进了 Boker 和 Keviczky 的结构辨识方法，对于多变量的 CARMA 模型，提出了模型的阶和时滞的 F 检验判决器，形成了对多变量 CARMA 模型结构的一种完整的辨识方法。1988 年，潘立登[46-48] 又将该算法推广到同时辨识多变量 CARMA 系统的模型结构和参数。

对于多变量系统辨识研究，国内的研究起步相对较晚，但是也有不少研究新成果。形成研究团队并把研究进行得较深入的有：北京化工大学的潘立登和靳其兵团队、华北电力大学的韩璞团队和牛玉广团队、上海交通大学的李少远团队、江南大学的丁锋团队、浙江大学的苏宏业团队和钱积新团队。

北京化工大学的潘立登和靳其兵团队是国内在多变量系统辨识方面研究得比较多的团队。该团队的主要贡献在于多变量系统子子模型的辨识、状态空间子空间法辨识、智能优化法辨识以及化工工业过程中的辨识应用。

华北电力大学的韩璞团队和牛玉广团队主要关注的是辨识理论在电力工业的应用技术问题，在智能优化法辨识上研究较早，尤其在利用生产运行大数据辨识上有较深入的研究，可以说是国内把辨识理论应用在实际工程中最多的团队。

上海交通大学的李少远团队的贡献在于较系统地提出了一套顺序激励法辨识方法。江南大学的丁锋团队的贡献主要是丰富和发展了最小二乘法辨识，提出了辅助模型辨识、迭代搜索辨识、多新息辨识、递阶辨识和耦合辨识等新的最小二乘法辨识理论。浙江大学的苏宏业和钱积新团队的贡献在于对激励辨识信号的研究以及对子空间法辨识的研究。

1.1　基于最小二乘法的多变量过程辨识研究

尽管最小二乘方法开始用于过程辨识可追溯到 20 个世纪 60 年代，尽管过程辨识都以阐述最小二乘辨识理论为主，尽管关于最小二乘辨识理论的研究持续至今已有 60 多年，但是最小二乘辨识理论在实际工程中依然得不到推广应用。或许最大的原因是最小二乘辨识需要外加激励信号。已有研究表明，用最小二乘法辨识的充分必要条件是有 $2n$ 阶持续激励。$2n$ 阶持续激励条件的保证是从外部施加白噪声或 PRBS 激励信号。可以发现，在众多的最小二乘辨识理论研究文献中，几乎给出的都是施加过白噪声或 PRBS 信号的算例。换句话说，不施加白噪声或 PRBS 信号，最小二乘辨识的可辨识性和准确性就得不到保证。而在实际控制工程应用中，没有现场工程师愿意外加激励信号而承担危及生产安全的风险。何况施加激励信号不但需要额外提供的硬件和软件，还需要专门技术人员的支持。显然，施加激励信号是推广应用最小二乘辨识理论的一大障碍。相对智能优化法辨识而言，不强求施加激励信号，也自然没有了这种推广应用障碍。

最小二乘辨识基本理论是建立在于开环辨识条件下的，并且所考虑的噪声变量是与输入变量不相关的。所以若要推广应用到实际的常见的闭环控制过程中就会出现了噪声变量与输入变量相关的问题，严格地说闭环反馈条件不满足最小二乘辨识基本理论建立的前提。于是最小二乘辨识理论的闭环条件下的应用就成了又一个应用障碍。虽然已提出多个解决方案，但是都比开环辨识的方案更复杂，所以依然绕不开这一大应用障碍。既然对于单变量过程辨识有闭环辨识障碍，那么对于多变量过程辨识，这一应用障碍就变得更大了。其实已有研究表明[30]，闭环反馈条件只是应用最小二乘辨识的障碍，若用其他辨识方法并非如此。例如采用智能优化法辨识，理论上没有闭环反馈条件的限制，无论是单变量过程辨识还是多变量过程辨识，用智能优化法辨识，无论开环条件还是闭环条件都是一样的。

当被辨识过程的模型参数数量增加时，最小二乘辨识计算量随之大幅增加，尤其是矩阵求逆计算部分。另一方面，考虑到在线辨识和控制的需求，递推最小二乘法早已推出，并被许多学者认为是取代一次完成最小二乘算法的好算法。然而从工程应用的简单实用性和安全可靠性角度考虑，递推最小二乘法并不值得推荐，因为它把本可一次完成的计算化为一个收敛性不能确保的多次计算的复杂过程，显然不符合工程应用关于可靠和安全的基本要求。对于单变量过程辨识应用不推荐递推最小二乘法，对于多变量过程辨识应用更是如此。

许多研究者都认定一条研究思路，那就是把多变量过程辨识问题化解为单变量过程辨识问题。北京化工大学的潘立登早在 20 世纪 90 年代初就做过有价值的探索。一个 r 入 m 出的多变量过程模型，可以化简为 m 个 r 入 1 出的子模型，因此，一个 r 入 m 出的多变量过程模型辨识可以化简为 m 个 r 入 1 出的子模型辨识，这是毫无疑问的。可以证明，只要解决了多入一出的多变量过程子模型辨识问题，就可以解决多入多出的多变量过程辨识问题，不过这还是一个多变量过程辨识问题。若再把一个 r 入 1 出的子模型化解为 r 个单入单出的子子模型，那就可把多变量过程辨识问题化解为单变量过程辨识问题了。关键是子模型如何化简为子子模型，已给出的方法是用辅助模型法。据参考文献 [46，47]，当子模型用多变量过程辨识方法辨出后，可用子模型为辅助模型推出每个子子模型的输出变量序列，再利用子子模型的输入输出数据辨识出子子模型的参数。如此看来，这并没有真正地实现把多变量过程辨识问题化简为单变量过程辨识问题，而是先用多变量过程辨识方法辨识子模型，再用单变量过程辨识方法辨识子子模型。但这样的方法实质上没有多少积极的意义，反而使问题复杂化了，并且没有确切的证明来保证用子模型为辅助模型推出每个子子模型的输出变量的方法是准确可靠的，这种多了一次的辨识计算显然只会降低辨识精度。

可以证明，白噪声或 PRBS 信号是最优的辨识激励信号。这也就是众多研究者喜欢用白噪声或 PRBS 信号做辨识激励信号的原因之一。对于单变量过程辨识，可选白噪声或 PRBS 信号来激励；对于多变量过程辨识，也可选用白噪声或 PRBS 信号来激励。对于多变量过程辨识时如何选用白噪声或 PRBS 信号来进行多个输入的同时激励，在经典过程辨识教科书中还找不到可遵循的原则。但是在许多文献中，都提出多变量过程辨识时多个输入的同时激励信号必须是互不线性相关的，否则辨识结果是不准确的。尤其是参考文献［28］还给出了同时阶跃激励下一个双入双出系统的辨识实例及辨识误差原因剖析。关于多变量过程辨识，本来就有依次激励接着依次辨识计算和同时激励接着一次辨识计算的两种辨识方案。依次激励接着依次辨识计算方案的本质是把多变量过程辨识化为单变量过程辨识的方案，遗憾的是实际工程应用中很难做到使一个输入改变时其他输入保持不变。同时激励接着一次辨识计算的辨识方案是更实用的方案，执行这个方案时采用多个输入的同时激励信号必须是互不线性相关的原则。关于这一原则，在参考文献［12］有阐述，但是还没有写进教科书中。参考文献［59，60］给出了用延迟 PRBS 构造互不线性相关的多个激励信号的方法。用此法可产生多变量过程辨识所需的同时激励但互不线性相关的多个输入激励信号。

关于过程辨识的可辨识性的学术讨论至今很难有像可控性和可观性那样有明确的定义和明确的结论，也没有像可控性和可观性那样，求解一个可控性矩阵或可观性矩阵就可确定这个特性是否成立。按照学者 Bellman 和 Astrom 的说法，可辨识性和最小二乘估计的一致性差不多，若数据长度 $N \to \infty$，模型参数估计值 $\hat{\theta}$ 趋于真值 θ，则模型参数 θ 就是可辨识的。问题是真实世界模型的真值 θ 永远也得不到，所谓的数据长度 $N \to \infty$ 也是一种永远无法实现的假设。这样一来，在判别某过程是否具有可辨识性时，是无法根据参数估计的一致性定义来判断其可辨识性的。

学者 Ljung 给出一个更抽象的可辨识性概念定义[1]：可辨识性概念可定义为三个层次，即可辨识的、强可辨识的和参数可辨识的。

1. 可辨识定义

若采用辨识方法 I 依据足够多的数据 L（L 为数据长度）在实验条件 X 下得到模型参数估计 $\hat{\theta}$，从而得到与系统 S 等价的模型 $D_T(S, M)$，即

$$\hat{\theta}(L, S, M, I, X) \underset{L \to \infty}{\longrightarrow} D_T(S, M)$$

6

则称系统 S 在模型类 M、辨识方法 I 及实验条件 X 下是可辨识的，记作 $SI(M,I,X)$。

2. 强可辨识定义

若系统 S 对一切使 $D_T(S,M)$ 非空的模型都是 $SI(M,I,X)$ 的，那么称系统是强可辨识的，记作 $SSI(I,X)$。

3. 参数可辨识定义

若系统 S 是 $SI(M,I,X)$ 的，且 $D_T(S,M)$ 仅含一个元素，则称系统是参数可辨识的，记作 $PI(M,I,X)$。

显然，这个定义没有工程实用性，人们无法利用这个定义判别执行某过程辨识时是否具有可辨识性。不过，这个定义却揭示了进行可辨识性时应该考虑的几个要素，即数据、模型类、辨识方法（准则与优化）和实验条件（激励）。若用参考文献［30］的说法就是，进行可辨识性时应该考虑的六个要素为数据、过程、模型、准则、优化和激励。按照这个思路，不妨再次做一个大胆的定性分析：就数据要素而言，数据应当包含过程的基本特性响应特征信息，否则不具备可辨识性；就过程而言，应当是所选用辨识方法适用的过程类型，例如适用于最小二乘法辨识的稳定过程；就模型要素而言，所选模型结构应当与过程相匹配，否则不具备可辨识性；就优化要素而言，所选优化方法应当是那种在已有条件下完成辨识计算并达到所期待的辨识准确度的方法，否则不具备可辨识性；就准则而言，所设计的准则应当能表征模型响应和过程响应之间的误差大小，否则不具备可辨识性；就激励要素而言，激励信号应当能激发出过程的基本特征响应，否则不具备可辨识性。在选择最小二乘法辨识方法的前提下，已有了不少有关可辨识性的研究成果[3]：稳定的过程具有可辨识性；对于 n 阶传递函数的辨识，在 $2n$ 阶持续激励条件下才具有可辨识性；数据长度 $N \geqslant 2n$ 才具有可辨识性；在闭环过程辨识时，控制器的阶数必须足够高。以上研究结果都是针对单变量过程辨识而言的，对于多变量过程辨识还未见有价值的有关可辨识性的研究成果。

纵观最小二乘法辨识方法前提下的有关可辨识性的研究，使作者领悟出一条更有可操作性的新研究思路，即把最小二乘法过程辨识的可辨识性当作过程辨识模型的最小二乘解的存在性来对待，这样做可使问题大为简化。最小二乘法过程辨识的可辨识性存在与否等价为相对应的最小二乘解的存在与否，而最小二乘解的存在与否取决于最小二乘算式中的逆矩阵存在是否。进而，最小二乘算式中的逆矩阵存在是否取决于这个逆矩阵的两方面的数据构成，即过程响应数据和过程激励数据。此外，最小二乘解的存在可以抽象为纯线性代数学的问题，或者说是一个多元代数方程联立求解的问题。当模型结构选定以后，求解模型参数就是辨识计算的任务。求解模型参数的最小二乘方程的维度就取决于模型参数变量的个数。而数据长度 N 首先要满足最小二乘方程的维度的要求。例如，针对单变量过程辨识的可辨识性，已得到数据长度 $N \geqslant 2n$ 的研究结果。至于多变量过程辨识的可辨识性与数据长度

N 的关系还有待研究。针对单变量过程辨识的可辨识性，根据研究最小二乘算式中的逆矩阵中过程激励数据确保逆矩阵存在的条件，前辈已得出结论：$2n$ 阶持续激励条件下才具有可辨识性。至于多变量过程辨识的可辨识性与过程激励数据的关系，尚未见有公认的理论研究成果。

1.2 基于子空间法的多变量过程辨识研究

关于基于子空间法的过程辨识研究的历史发展，许多文献都有阐述。不妨按照时间的历史发展顺序简单归纳如下。

1978 年，Kung 提出了子空间辨识方法[61]。1985 年，Juang 和 Pappa 将子空间辨识方法用于结构模型参数辨识[62]。1989 年，Moonen 等人[63] 和 1990 年 Arun 等人[64]，对确定性系统和存在扰动的系统通过构建输入输出的 Hankel 矩阵计算状态空间模型。1990 年，Larimore 提出范量分析子空间辨识（Canonical Variate Analysis，CVA）法[65]；1994 年，Verhaegen 提出多变量输出误差状态空间子空间辨识（Multivariable Output Error State Spac，MOESP）法[66]；同年，Van Overschee 和 De Moor 提出了数值状态空间子空间辨识（Numerical Subspace State – Space System Identificati，N4SID）法[67]，这三种算法在子空间辨识算法中起到了基石的作用。CVA 方法的基本思路是利用过去的状态去估计未来的状态，通过极小化所给定的范数指标来构造相应的辨识算法。Verhaege 等人提出的 MOESP 子空间辨识算法是利用已测得的输入输出数据来构造出特定的汉克尔（Hankel）矩阵，然后通过 QR 分解进行数据压缩，给出系统的广义可观性矩阵的一致估计，最后利用广义可观测矩阵求解系统的状态空间模型。Van Overschee 和 De Moor 的 N4SID 法是使用线性回归法求解系统矩阵，基于几何概念的方法实现了预测误差极小化，它是一种具有秩约束的多步预报误差法。虽然这三种算法在计算系统矩阵方面各有不相同，但是，WouterFavoreel 等认为这三种方法是分别取不同权矩阵的结果，可以在一定框架下得到统一[68]。在子空间辨识的研究发展中，已出现三本经典著作：1996 年 VanOverschee 和 De Moor[69] 出版的 *Subspace Identification of Linear Systems*，2005 年 Tohru Katayama 出版的 *Subspace Methods for System Identification*[70]，2008 年 Biao Huang[71] 出版的 *Dynamic Modeling*，*Predictive Control and Perfomance—A Data – driven Subspace Approach*。在这些理论研究成果上，2002 年 Wang 和 Qin 提出了基于主元分析方法的子空间辨识[72]；2005 年 Huang 等人提出了基于正交投影的子空间辨识方法[73]；Gustafsson[74]、Jansson[75]、Ljung[76]、Bauer[77] 等人在子空间辨识算法的收敛性、有效性等方面进行了研究。

子空间辨识方法是基于状态方程模型的，而状态方程模型恰好是最适于表达多变量过程的模型。所以，子空间辨识方法自然是既适用于单变量过程辨识又适用于多变量过程辨识。

子空间辨识方法是针对开环过程辨识提出的，所以和最小二乘辨识方法一样，只适用于输入与噪声不相关的过程辨识。因此，针对闭环过程辨识的子空间辨识方法就成了一个很大的研究热点。尽管已有不少方法被提出，例如套用最小二乘辨识理论研究思路，采用化闭环为开环的两阶段法，但是都使问题复杂化了，对于多变量过程辨识，计算量激增，几乎没有工程实用性。

子空间辨识方法（Subspace Identification Method, SIM）是一种基于状态空间方程模型的多变量系统的辨识新方法。SIM方法综合了系统理论、线性代数和统计学三方面的思想。与传统辨识方法相比，SIM的突出优势在于：①不需要像最小二乘辨识时将模型参数整理成辨识参数的参数化过程，可直接由输入输出数据来构造增广可观测矩阵，再经过一系列矩阵运算得到状态空间模型；②没有迭代寻优求解过程，所以也无需考虑所谓的收敛性和稳定性问题；③不需要考虑状态初始条件，所以没有其他辨识方法必须考虑的零初始条件问题；④不需要系统的先验知识，而且系统模型阶次能够在系统辨识计算中由可观测矩阵的非零奇异值来决定，换句话说，用SIM可同时辨识模型结构和参数。

与传统辨识方法相比，SIM也有它的劣势：①和最小二乘辨识一样，是一种开环辨识方法；②是一种有偏辨识的次优方法；③不需要系统的先验知识，意味着即便有可用的系统先验信息也很难利用；④因为SIM包含正交三角（QR）分解和奇异值（SVD）分解，所以有大量的数值运算，特别是在多变量辨识、用高维模型和实施在线辨识时，计算负担将成为必须考虑的问题。

子空间辨识方法的理论研究进展也促进了子空间辨识方法的工程应用研究。在20世纪90年代中期，美国国家航空航天研究中心，美国麻省理工学院与埃默里大学等，合作开展了飞机发动机结构的子空间辨识，通过对F18系统柔性动力特性的辨识研究，寻求最优的控制规律，设计最优的控制器。德国宇航局也通过引入子空间辨识方法对发动机性能进行了研究。比利时鲁汶大学的Moor，瑞典林克平大学的Mckelevey，瑞典皇家工学院的Jasson，查尔姆斯理工大学的Gustafsson等都在这一领域做了大量的相关研究。

在国内，子空间辨识方法的工程应用研究也取得了一些进展。可以归纳为两方面的工程应用，一方面是专用于预测控制的子空间辨识应用研究；另一方面是针对闭环多变量工业过程控制的子空间辨识应用研究。

预测控制技术已在大型复杂工业过程控制领域得到较广泛的应用，但是预测控制的成功实施依赖于过程模型的较准确的建立。子空间辨识方法的优良特性正好有望解决多变量过程预测控制所需要的建模问题。用子空间方法不需要任何模型结构与系统阶次等先验知识，可以直接利用一段滚动时间窗口的实测过程输入输出数据构造Hankel矩阵，然后通过QR分解等矩阵运算得到过程状态方程模型，根据已得模型就即推算出预测控制器。更超前的思路是建模和控制器设计的两步并作一步，直接得到预测控制器，为此已有多个研究进展。2007年，杨华[92]进行了基于子空间方法的系统辨识及预测控制设计的研究。2008 年，李经吴[94]对子空间预测控制及其在 CFB 锅炉燃烧系统进行了研究，以子空间辨识为基础，推出了子空间预测控制的概念及其基本算法，提出了具有比例结构的子空间预测控制算法。2009 年，曾九孙[93]研究了子空间辨识方法用于高炉冶炼过程多变量预测控制系统的问题。2011 年，吴永玲[84]提出了一种具有反馈校正的时变遗忘因子的子空间辨识方法，根据测量输出与预测输出值的误差来动态调整历史数据的权重，可以更好地反映系统的当前特性，提高了辨识的精度和灵敏度。2019 年，斛亚旭[91]进行了基于子空间辨识的 SNCR 脱硝系统的多模型预测控制研究。2019 年，葛连明[90]进行了子空间辨识算法及预测控制研究。

针对闭环多变量工业过程控制的子空间辨识应用研究也有一些进展。2008 年，刘浩[83]在二入三出的直流锅炉控制系统上尝试应用了子空间辨识方法。用 AIC 准则确定模型阶数，通过仿真实验证实子空间辨识方法有效。不过，辨识出的模型是有差的，并且是零点的误差大于极点的误差。2012 年黄宇[86]在二入二出的机炉协调控制系统上试用了子空间辨识方法，再一次证实了子空间辨识方法是次优的有差方法，并且辨识精度没有量子粒子群（QPSO）辨识方法高，还提出可以先用子空间辨识方法辨识出过程粗模型再用量子粒子群辨识方法进行精确辨识的两阶段辨识方案。2013 年，杨春[87]在三入三出的回转窑窑温控制系统上试用了基于主成分分析的子空间辨识方法，也是用 AIC 准则确定模型阶数。通过仿真试验证明，基于主成分分析的子空间辨识方法比经典的子空间辨识方法有明显的优势。2017 年，包春喜[84]在二入二出的机炉协调控制系统上试用了引入辅助变量和主元分析的子空间辨识方法，仿真试验证明方法有效，但用现场数据建模的效果并不理想。2018 年，庄旭[89]在抽水蓄能电机控制系统上用了相关函数子子空间辨识方法，采用相关函数方法进行子空间辨识算法的改进，可以实现闭环条件下对线性系统的无偏估计，建立基于扩展卡尔曼滤波器抽水蓄能电机模型，构建模型协同工作循环辨识算法，并采用分块 Hankel 矩阵的子空间辨识算法，实现系统参数矩阵的有效辨识。

虽然子空间辨识方法得到很多的关注，子空间辨识方法理论证明正确，仿真实验证实有效，但是子空间辨识方法成功应用于实际工业过程的案例几乎没有，这一点和最小二乘辨识方法的应用效果很相似。由于子空间辨识方法并不是按照最优化方法导出的，所得辨识结果就无法证明是最优解，这或许是人们推广应用子空间辨识方法的兴趣不高的原因之一。

1.3 基于闭环顺序激励法的多变量过程辨识研究

据参考文献［3］，如果对某多变量过程的 p 个输入依次激励，并测量该多变量过程的 q 个输出，则可通过用单变量辨识方法分别辨识出该多变量过程的 p 个单输入多输出（SIMO）的过程模型，再整理出完整的该多变量过程的多输入多输出

（MIMO）模型。但是，在实际工程应用中，这种依次顺序激励的辨识方法常常没有条件实施，因为一个输入激励时让其他输入保持不变的诉求是不会被安全生产保障部门允许的。在通常的情况下，要使生产过程安全运行，受控过程的多个可控输入一定处在闭环控制运行状态下。由此可见，在开环条件下可以通过依次顺序激励多变量过程的各个输入的方法可以把多变量过程辨识问题化为单变量过程辨识问题，但是在实际生产过程的闭环条件下，依次顺序激励各个过程输入的方法就不允许用了。为此，参考文献［3，100，101］提出了一种闭环顺序阶跃激励控制回路设定值的解决方案。该解决方案的核心是将阶跃激励信号顺序加在多变量过程闭环控制的各控制子回路的设定值变量上，证明了一个具有复杂关联耦合的多变量过程可分解成多个等价的单输入单输出（SISO）子过程，并且各 SISO 子过程的等效输入输出响应可根据测得的多变量过程响应数据算出。从而可用单变量过程辨识的方法（如时域法和频域法）分别辨识各子过程模型，最后归整为多变量过程模型。之所以选择阶跃激励，完全是出于工程实用方面的考虑。参考文献［103］对闭环顺序阶跃激励辨识法做了改进，可适用于任意激励信号，如用衰减指数函数信号，而在子过程模型辨识上用的是并行弥漫式智能搜索的频域法。

分析开环依次激励辨识方法与闭环顺序激励辨识方法，可以看出相同的是都可以把多变量过程辨识问题化解为单变量过程辨识问题；不同的是前者真正做到了多变量过程的各输入变量可独立地被激励，而后者则是多变量过程的各输入变量实际上被同时激励。还有，开环依次激励辨识方法是一种通用的方法，而闭环顺序激励辨识方法的通用性不强。因为每次用闭环顺序激励辨识方法时必须根据所选用激励信号类型和各子回路控制器做辨识算式的推导，否则无法完成各 SISO 子过程的等效输入输出响应的计算。这些看似不难的推导工作有可能成为实际推广应用的一个大障碍。

1.4 基于智能优化法的多变量过程辨识研究

在已有的辨识理论中，辨识方法已分为许多类别，诸如，最小二乘辨识、梯度校正辨识、极大似然辨识、预报误差辨识等，但是智能优化辨识的提法还未在教科书中找到。在参考文献［12］中，将最小二乘辨识方法和智能辨识方法作为两类可应用于实际工程的方法提出，并高度肯定了智能辨识方法的优越性和有效性。在参考文献［30］中，基于现代智能优化方法展开闭环过程辨识研究，还指出智能优化方法的优越性在于辨识应用更容易实施，适用条件更宽，辨识精度更高。特别是可直接采用控制工程师常用的连续时间传递函数模型做辨识模型，无需做任何模型换算，更具有工程实用性。

智能优化辨识是指应用智能优化技术进行过程辨识的一类辨识方法。所谓智能优化技术应包括所有用最优化算法的优化计算技术，诸如单纯形法、随机搜索法、遗传算法、粒子群算法等。但是现今在过程辨识中应用的智能优化技术，主要是现代的群体智能优化方法，例如，粒子群算法、布谷鸟算法、差分进化算法等。这也许是因为现代的群体智能优化方法比以往的智能优化方法具有更高效率、更准确的精度和更不容易陷入局部最优的特点。

从过程辨识的定义上，可以清晰地认识到辨识问题是一个最优化问题，即选择适当的准则函数并求使准则函数极小化的优化问题。因此，现代智能优化算法就可以在过程辨识中扮演重要的角色。

在热工过程辨识研究中，G. Irwin 等[105]采用 MLP 神经网络离线辨识火电厂 200MW 的锅炉汽轮机系统；杨超等[106]采用前向反馈型神经网络，建立了一个火力发电厂双输入双输出系统的辨识模型；肖本贤等[107]将基于 PSO 算法的 RBF 神经网络混合优化应用到火电厂过热汽温的动态特性辨识中。刘莉萍等[108]将 GA 应用到火电厂 SCR 氨流量模型辨识中；Mohamed 等[109]利用机理建模的方法给出 600MW 超临界火力发电厂的模型结构，并采用 GA 辨识结构中的未知参数。

采用人工神经网络的过程辨识给出的是没有实际物理意义的神经网络模型，因此在过程辨识上的应用价值不高。基于遗传算法（GA）的过程辨识的计算耗时一般比用粒子群算法（PSO）长，而且辨识精度也比 PSO 方法低[110]，所以基于遗传算法的过程辨识研究已不再成为热点。而用 PSO 方法只需利用优化目标的取值而无需梯度等信息，且对非线性模型辨识有良好的效果，这使得基于 PSO 的辨识效果优于基于最小二乘算法的辨识效果[111]。因此，基于 PSO 的过程辨识的研究赢得了最多的关注。

Yijian Liu，Xiongxiong He[110]将 PSO 算法应用到热工过程模型仿真辨识中，获得了精度比 GA 更高的模型；董泽等[112]将 PSO 算法应用到 1000MW 机组主汽温系统辨识中；李阳海等[113]运用 PSO 算法对发电机调速系统参数进行了辨识，获得了较好的效果；柯尊光等[114]采用基于 PSO 算法的对超临界锅炉非线性数学模型进行了参数的辨识；冯美方等[115]采用 PSO 算法对超超临界二次再热机组过热汽温模型进行了辨识；徐志成等[116]将 PSO 应用到具有大惯性的过程模型的开环参数辨识中；徐小平等[117]将 PSO 应用到一般的过程辨识中；赵洋等[118]将 PSO 应用到超级电容器模型结构和参数辨识中；Hernandez 等[119]应用 PSO 辨识永磁同步电机定子参数。此外，关于基于 PSO 算法的智能优化辨识研究的文献还有很多，可见参考文献［123 – 130］。

在非线性过程辨识中，PSO 过程辨识也展现出了良好的性能，林卫星等[120]应用粒子群优化算法辨识 Hammerstein 模型；张艳等[121]将 PSO 应用到 Wiener 模型的辨识，并应用到连续退火机组加热炉产品质量模型的辨识研究中，取得了较好的辨识效果；Alireza[122]应用改进自适应 PSO 到动态系统的参数辨识中。

总的说来，无论是单变量过程辨识还是多变量过程辨识基于 PSO 的智能优化辨识研究文献也许是最多的。可以说在智能优化辨识研究中，PSO 算法是当前应用最多的。

1.5　现有多变量过程辨识理论的工程应用问题思考

前四节的论述是作者根据最有可能成功应用于工程实际角度优选出的四类过程辨识方法的研究现状阐述。从过程辨识的六要素来分析，最小二乘辨识、子空间辨识和智能优化辨识方法本质上属于可以确定模型、优化和准则三要素但并不能确定激励和数据的方法。因此，应用这三类方法获得过程辨识成功的前提是已存在符合要求的激励和数据条件。例如，最小二乘辨识法的理论证明只有用在过程 $2n$ 阶持续激励下得到的数据才能获得最优模型参数估计，否则辨识计算可能遇到逆矩阵不存在而中止。为了确保 $2n$ 阶持续激励条件成立，在最小二乘辨识法实例中无一例外地都采用了强制注入伪随机信号的做法，而外加激励信号的要求恰恰成为推广应用最小二乘辨识法的主要障碍。用子空间辨识也同样要求 $2n$ 阶持续激励条件成立，所以同样有工程应用难的问题。再有，最小二乘辨识和子空间辨识方法原本都是开环辨识方法，对于闭环辨识虽有间接法和联合法应对，但是用起来比较繁琐，尤其在多变量过程辨识时就更繁琐了。然而用智能优化辨识，在理论上就没有激励条件的限制，不需要强制注入伪随机信号的外加激励，所以就清除了工程应用的障碍。不过，用智能优化辨识虽能将较差的激励条件下得到的数据计算出过程模型，但是该模型的准确性也将较差。所以，在辨识工程应用中，确保好的辨识激励条件的努力总是需要的。至于闭环顺序激励辨识法，只是确定了激励和数据要素，还需要确定模型、优化和准则要素，所以过程辨识的实施还需要其他辨识方法的配合，比如用最小二乘辨识法。此外，闭环顺序激励辨识法只是在控制器模型已知且特定激励信号已知的条件下导出的化多变量过程辨识为单变量过程辨识的解耦方法，通用性并不强，所以在实际工程中推广应用还是有困难。由此看来，当前最好的选择是在确保好辨识激励的条件下用智能优化辨识方法。

1.6　基于自然激励动态响应数据的多变量过程智能优化辨识研究

既然外加辨识激励信号不便于在实际辨识工程中采纳，那么在不用外加辨识激励信号的前提下能否完成过程模型辨识的任务呢？参考文献 [12] 中，有一段分析回答了这个问题：在一个闭环控制运行的多变量过程只要过程输入端受到足够长时间的激励，该激励只是控制系统运行中自然产生的激励，没有任何外加的激励信号，只要这种激励能激发过程的全部模态，那么用智能优化辨识方法就应该能够辨识出过程模型。在此，不妨称这种不依赖于外部激励的辨识方法为基于自然激励动态响应数据的多变量过程智能优化辨识方法。

随着计算机科学技术的发展，大量的工业生产过程已经被计算机系统监视和控制起来，这些系统可产生海量的历史运行数据。人们自然会想到利用这些控制过程的历史运行数据，用智能优化辨识方法去辨识所需的过程模型。在这方面的研究文献很多，值得关注的是华北电力大学研究团队的研究成果[131-141]。

2013年，韩璞提出了将历史数据与智能优化算法结合的传递函数建模方法[131]；此后，孙剑[132]进行了用历史数据建立循环流化床锅炉燃烧系统模型研究；孙明[133,134]进行了600MW机组燃烧系统和给水系统的历史数据驱动建模研究；卢晓玲[135]进行了基于PSO的超临界机组给水系统模型辨识研究；韦根原[136]进行了基于混沌粒子群算法的火电机组热控过程辨识方法的研究；袁世通[28,137,138]进行了基于大数据和双量子粒子群算法的1000MW超超临界机组建模理论和方法的研究；尹二新[139-141]进行了大型火电机组控制系统数据驱动建模方法的研究。

基于自然激励动态响应数据的多变量过程智能优化辨识方法研究的一个关键问题是如何利用历史大数据来进行过程辨识。在这方面华北电力大学研究团队的多年来的持续研究已给出一些有价值的研究成果。

参考文献［28］指出，在大数据时代，电厂存有海量的历史数据，它们不但可以描述系统与系统之间的关系，还能揭示现场部件级别上的信息。但这些数据与实验数据不同，它们没有经过任何处理，含有机组运行的动态、稳态和故障状态的所有原始数据。因此，如何通过一定的准则将其中有效反映被建模过程动态特性的数据提取出来是建模研究的重点之一。工业历史大数据有多个鲜明的特点，那就是海量性、多样性、高速性、价值稀疏性、耦合性、滞后性和样本不均匀性。为了实现过程辨识的目标，迫切需要设计一套行之有效的对工业历史大数据的科学处理方法。

参考文献［28］针对历史大数据的筛选给出了数据维数（系统输入变量）的确定和数据段的选取原则和方法。

关于数据维数（系统输入变量）的确定，参考文献［28］指出，常用的方法有主成分分析法、机理分析法、试验分析法和相关分析法。此外，还有偏最小二乘方法、典型相关分析法、Fisher线性判别分析法、独立主成分分析法，以及延展到非线性特性的核主成分分析法和核偏最小二乘等方法。

关于数据段的选取原则，参考文献［28］给出三个原则：

1）输入信号的激励度（幅值）要尽量大。智能辨识算法虽然不要求输入信号必须满足$2n$阶持续激励的严苛条件，但从建模角度出发，输入信号激励度越大越能激发系统的动态特性。

2）所选用的数据段要起始于稳定工况并结束于稳定工况，且中间的动态变化过程中要有足够大的信噪比。其中，稳定段的数据主要是用来辨识系统的静态特性，中间的波动段数据用来辨识系统的动态特性。实际生产过程中，机组不可能处于绝对的稳态，当某些表征机组状态的重要参数波动小于一定范围时，就可以认为机组处于稳态工况。

3）数据采样周期的确定。采样周期的大小直接影响辨识的精度，如果采样周期过大，则信号的信息量损失过多，造成模型的性能下降；如果采样周期太小，则会影响模型的静态增益估计值，也会导致辨识算法计算量增大。

事实上，参考文献［28］所述的研究采用了一种复合建模方案：首先利用已建成一套超超临界机组仿真机（通过机理建模法导出模型并通过实验数据修正）进行阶跃响应实验。通过已得的阶跃响应数据用单变量的智能优化辨识方法先确定一套过程传递函数模型的结构和模型参数值，然后参照已得的模型结构和参数通过现场的运行历史数据再进行传递函数模型的多变量智能优化辨识（采用了并行优化的方案）。这种复合建模方案可看出是一种灰箱建模方法，既可以避免黑箱建模的结构盲目性，又可以解决白箱建模的原始数据测度的实际困难。

参考文献［139］对已选定的历史数据的预处理方法进行了更深入的研究。针对剔除稳态分量的处理时由于稳态分量设值不准的问题，提出了将稳态分量加入寻优变量维度的方法，有效地避免了稳态分量设值不准造成的模型辨识误差。针对非零初态的过程辨识时用人工设置初始状态设值不准造成的模型辨识误差问题，提出了将初始状态量值加入寻优变量维度的方法，可有效解决非零初态的过程辨识难题。针对非零状态初值寻优时，由于系统状态初值寻优范围难定可能导致辨识计算失败的问题，提出了用状态观测器来估计初始状态量初值的方法，可有效取代将初始状态量值加入寻优变量维度的方法。

事实上，近年来，大型发电机组均采用 AGC 模式运行，机组负荷被频繁调整，导致运行工况基本上处于非稳态工况，所采集的数据都是非零初态的数据，所以非零初态过程辨识的问题便突显出来。

多变量过程智能优化辨识需要解决三个问题：第一是选定多变量过程模型的输入变量和输出变量；第二是确定各输入输出通道模型的模型结构；第三是确定各通道模型的参数优选域。前两个问题是非智能优化辨识方法都需要解决的，而最后一个问题是智能优化辨识所特有的，因为参数优选域是优化辨识计算前必须确定的。

对于第一个问题，就是参考文献［28］所提出的数据维数（系统输入变量）的确定问题。其实还有多变量过程模型输出变量的确定问题，只不过输出变量的确定只需根据过程检测和控制的需求就可直接确定，不是难题，故常被忽略。而输入变量的确定是一个需要思量的问题，参考文献［28］指出的常用方法有主成分分析法、机理分析法、试验分析法和相关分析法。但是方法多并不代表都管用，目前为止还没有公认的成熟方法，所以说多变量过程模型输入变量的确定还是一个研究热点问题。

对于第二个问题，参考文献［28］所提出的那种复合建模方案并不是一种通用解决方法，因为需要有所针对的多变量过程已建立了仿真机的条件。对于单变量过程的模型结构（模型类），可根据相应的阶跃响应特征来确定模型结构[30]，但是对于多变量过程的模型结构（模型类）的确定，目前仍是待研究的问题，没有公认的成熟理论。

对于第三个问题，目前还没有有效的自动处理方法，模型参数优选域主要靠人工凭经验确定。

1.7 融入数据挖掘技术的多变量过程辨识研究

大数据分析的流行和人工智能应用的科技发展自然引发人们有了将数据挖掘技术用于多变量过程辨识模型的研究兴趣。目前有代表性的研究进展可见参考文献［145 - 149］。其实，这些研究想要解决的是多变量过程辨识选定多变量过程模型输入变量的问题。

参考文献［145 - 147］表述的是用多元统计分析的主元分析方法确定热工多变量动态过程的主导因素。通过采集相关过程变量的运行数据，建立输入数据矩阵和主元模型，计算 T2 统计量及其控制限，计算对应的各过程变量对主元的贡献大小，就可以确定引起主要监控变量变化的主导因素。在主蒸汽温度过程案例中，选定锅炉负荷、给水温度、燃烧器倾角、燃料量、总风量、总气压六个变量，用现场运行数据建立主元模型并分析计算主元的贡献率及 T2 统计量及其控制限，最后可将原来影响主汽温的六个变量压缩为两个主元（锅炉负荷与给煤总量）。在汽包水位的案例中，选定四个输入过程变量，即给煤总量、给水流量、锅炉负荷、汽包压力，进行主元分析，确定在不同运行过程中引起汽包水位变化的主导因素是给煤总量和给水流量。

参考文献［148］表述的是采集大量现场运行数据，利用主元分析原理，从影响主汽温的 11 个过程变量（主汽压力、高调门开度、主蒸汽流量、二级减温喷水量、一级减温喷水量、中间点温度、给水量、燃料量、给水温度、烟气含氧量、总风量）中提取五个主要变量（主蒸汽流量、二级减温喷水量、给水量、燃料量、烟气含氧量），作为模型输入。此外，还通过在相应的仿真机上做阶跃响应试验，通过阶跃响应数据建立的多变量过程模型来选定模型结构和参数域，然后用基于 PSO 的智能优化算法根据现场运行数据进行辨识计算得出可以用于主汽温系统控制研究的多变量模型。

参考文献［149］表述的是采用最大信息系数对参数进行相关性分析，用子空间跟踪主元递推算法分析不同时刻影响再热汽温系统的主要因素。最大信息系数（Maximal Information Compression，MIC）是基于互信息技术提出的一种挖掘两个数据项间关系的算法。首先对选取的 20 个系统输入进行标准化操作，然后对标准化后的 20 个系统输入数据变量进行 MIC 相关性分析；找出表中相关系数大于 0.9 的相关变量，得到四组相关变量组；在每个相关变量组中选取一个变量代表该变量组；最终，通过 MIC 特征的提取并结合现场实际情况，就从所有影响汽温变化的 20 个变量中得到了 11 个相互独立的变量。

再热汽温的变化是多种变量综合影响的结果，但在实际建模过程中，只需要提取出影响其变化的主要因素，而一些影响较小的变量则可以适当忽略，这样也可以降低模型输入的维数。利用主元分析法，对 11 个独立变量进行主元分析，得到初始主成分贡献率及其累积贡献率表，根据贡献率由大到小进行排序，利用累积贡献率来选取主元数目。可选定主元数目为 6，前两个主元就可以解释全部数据 50% 以上的变化，提取出的结果与再热汽温变化机理也是一致的。

尽管用数据挖掘技术分析过程输入变量的相关性和与过程输出的关联性可以为解决多变量过程辨识选定多变量过程模型输入变量的问题提供一种途径，但是综合看来它并不是可以直接应用的好方法。一个重要的原因是数据分析得到的量化指标的高低取决于所提供的数据源品质，同一过程产生的不同源数据将会产生不同的数据分析结果，所以还不能作为可以信赖的建模依据。

1.8 融入机理分析建模的多变量过程辨识研究

如前节所述，用数据挖掘技术解决多变量过程模型辨识中的过程输入变量确定问题并不有效，主要问题是盲目性非常明显。相比之下，用机理分析的方法更可靠一些。事实上，历来存在三种建模方法，即黑箱法、白箱法、灰箱法；或者说是理论法、实验法、理论实验复合法；也可以说是机理分析法、数据驱动法、机理分析和数据驱动复合法。总之，单用黑箱法建模总有盲目性局限，单用白箱法总有过程知识和过程特性参数的未知性局限，只有将黑箱法和白箱法并用的灰箱法，才能取长补短地取得最大的建模效益。可惜，从目前已查得的研究文献来看，在灰箱建模方面的研究进展很难看到。

在参考文献［3］中有关于白箱建模和黑箱建模的特点分析比较。白箱建模/黑箱建模的特点对比有：模型结构遵从自然定律/模型结构是假定的；可对输入输出特性和内部特性建模/只对输入输出特性建模；模型参数可有物理意义/模型参数只是一个数值；所建模型对同样运作机理的过程都有效/所见模型只对建模所用的过程数据有效；未知模型参数只能粗略估计，所以不准/模型参数可据现场数据精确估计；可对实际不存在的过程建模/只对存在的过程建模；模型内部特性取决于具体机理过程故不可通用/模型与过程机理无关，是通用的；建模费时费力/建模可以很快；建模可以很细致/建模复杂度可调整。这些特点表明了白箱建模和黑箱建模优缺点，可以想象，灰箱建模将是这些特点的融合。例如，用白箱建模得到模型结构，再用黑箱建模继续，就可去掉黑箱建模的模型假定缺陷。

如 1.6 节所述，参考文献［28］所述的研究采用了一种复合建模方案：首先利用已建成一套超超临界机组仿真机进行阶跃响应实验，通过已得的阶跃响应数据先确定一套过程传递函数模型的结构和模型参数值；然后参照已得的模型结构和参数通过现场的运行历史数据再进行传递函数模型的多变量智能优化辨识，这种复合建模就是灰箱建模。因为仿真机是基本上用白箱法建模的，所以白箱法建模的优点就被利用起来。

参考文献［150］给出了用理论建模方法建立热工控制对象模型的一些研究结果。可以看到多个热工过程的机理分析模型被建立出来。例如，汽包水位和压力的过程的机理模型是一个三输入二输出系统，其具体的模型结构已经建立。由此可见，利用白箱法建模可以得到过程模型结构，然后可将已得模型结构用于黑箱建模。

纵观参考文献［151 - 162］，可以感受到机理分析建模的艰难性。如果所研究的过程机理比较单一，则较容易研究清楚其中各种关系和动态特性。如果所研究的过程机理比较复杂，则需要各种专业知识和技术资料，还需要有关专家的宝贵经验。所以一个复杂工业过程的机理分析的模型建立需要大量的研究者的智力劳动，是需要长期的历史沉淀。机理分析建模需要做一系列合理的假定条件，需要列写出表述自然规律的数学方程式，需要查出相关的物性系数，需要相关的系统设计参数，需要作各种数学推导、证明和简化计算等。总之，要建立一个可靠的、准确的模型，再多的努力也似乎远远不够。

第 2 章

多变量过程智能优化辨识理论

2.1 多变量过程模型智能优化辨识问题

根据参考文献［30］，单变量过程辨识问题总可以归结为一个最优化问题。无论考虑的被辨识过程是在开环架构下还是在闭环架构下，其模型辨识都是归结为最优化问题。那么，对于多变量过程辨识问题，同样可以归结为一个最优化问题。

如图 2-1 所示，对于多变量的被辨识过程 S，若施加输入信号序列向量 $\{u_{ik}\}$（设输入向量维数为 r）后，则可得到过程输出序列向量 $\{y_{jk}\}$（设输出向量维数为 p）。假设有过程模型 M，可描述过程 S，则当把同样的序列向量 $\{u_{ik}\}$ 施加于模型 M 后，可产生模型输出序列 向量 $\{\hat{y}_{jk}\}$。

定义一个损失函数

$$J = \frac{1}{pN}\sum_{j=1}^{p}\sum_{k=1}^{N}(y_{jk} - \hat{y}_{jk})^2 \tag{2-1}$$

设模型 M 的结构已确定，其特性可用参数 θ 完全定义，则过程模型辨识的问题可归结为寻求最优的模型参数 $\hat{\theta}$ 使损失函数 J 最小的最优化问题，即

$$\hat{\theta} = \arg\min_{\theta} J \tag{2-2}$$

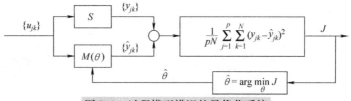

图 2-1　过程模型辨识的最优化系统

例如，针对一个被辨识的连续时间多变量过程，若其子子模型结构确定为

$$G_{ij}(s) = \frac{Y_j(s)}{U_i(s)} = \frac{b_{ijm}s^m + b_{ij(m-1)}s^{m-1} + \cdots + b_{ij1}s + b_{ij0}}{s^n + a_{ij(n-1)}s^{n-1} + \cdots + a_{ij1}s + a_{ij0}} \tag{2-3}$$

若对这个过程施加激励信号u_{ik}，并获得了过程输出信号y_{jk}，则可利用仿真技术通过假设模型$M(\theta)$的仿真计算获得在激励信号u_{ik}下的模拟过程输出$\hat{y}_{jk}$。

设模拟过程输出$\hat{y}_{jk}$与实际过程输出y_{jk}的方差为优化目标函数，即

$$J = \frac{1}{pN}\sum_{i=1}^{p}\sum_{k=1}^{N}(y_{ik} - \hat{y}_{ik})^2$$

以模型参数为优化参数θ，则子子模型的参数可表示为

$$\theta_{ij} = \{b_{ijm}, b_{ij(m-1)}, \cdots, b_{ij1}, b_{ij0}, a_{ijn}, a_{ij(n-1)}, \cdots, a_{ij1}, a_{ij0}\}$$

可利用最优化方法求得使目标函数J最小的最优模型参数$\hat{\theta}$为

$$\hat{\theta} = \arg\min_{\theta} J$$

解决这个最优化问题要靠最优化方法。在经典的辨识理论中，所用的最优化方法主要是最小二乘法。在现代辨识理论中，主要用现代智能优化方法。现代智能优化方法有很多种，诸如粒子群算法、布谷鸟算法、差分进化算法等，目前在智能优化辨识中用得最多的是粒子群算法。一般而言，用最小二乘方法辨识的优点是计算量小，大多是一次计算即可完成；缺点是应有条件比较苛刻，对于存在线性相关的数据，常因逆阵无解而使辨识计算终止。用现代智能优化方法辨识的缺点是优化计算量大，常需要几百代的迭代计算。但是用现代智能优化方法辨识的优点更多，一是应用条件宽，无需逆阵运算，对于线性相关的数据也能算；二是辨识精度可以做得很高；三是对连续时间系统模型可以直接辨识计算，无需进行专门的参数向量和估计模型结构的专门构建。

2.2 多变量过程模型辨识准确度计算准则

参考文献［30］给出了单变量过程模型辨识准确度的计算准则，在此不妨推广到多变量过程辨识中。

1. 模型辨识准确度的定义

由于模型辨识的关键就在于被辨识过程和辨识所得模型之间的特性等价性，两者之间的等价程度越高，意味着模型辨识得越准确。因此，模型辨识准确度的概念就是被辨识过程和辨识所得模型之间的特性等价程度。换句话说，模型辨识准确度可以被定义为被辨识过程和辨识所得模型之间的特性等价程度。

2. 基于响应数据吻合度的模型辨识准确度指标

根据 2.1 节的问题陈述，可以提出衡量过程响应数据和模型响应数据之间的吻合度的两个模型辨识准确度指标，即相对最大误差百分数和相对均方差百分数。

当把同样的输入激励序列u_{ik}同时加在被辨识过程和辨识所得模型后，可得到过程输出序列y_{jk}和模型输出序列$\hat{y}_{jk}$，于是如下定义的两种指标就可以计算。这两种指标可以衡量在相同激励下被辨识过程和辨识所得模型之间的响应曲线吻合程度。对于有p个输出量的多变量过程，有p条过程响应曲线可与p条模型响应曲线相对比。相对最大误差百分数和相对均方差百分数这两个指标就是对p对响应曲线

吻合程度的量化指标。

定义相对最大误差百分数为

$$J_{\text{RME}} = \frac{1}{p} \sum_{j=1}^{p} \frac{\max\{|y_{jk} - \hat{y}_{jk}|\}}{\max\{y_{jk}\} - \min\{y_{jk}\}} \times 100\% \tag{2-4}$$

定义相对均方差百分数为

$$J_{\text{RMSE}} = \frac{1}{p} \sum_{j=1}^{p} \frac{\sqrt{\frac{1}{N} \sum_{k=1}^{N} (y_{jk} - \hat{y}_{jk})^2}}{\max\{y_{jk}\} - \min\{y_{jk}\}} \times 100\% \tag{2-5}$$

以上定义的相对最大误差百分数和相对均方差百分数是衡量在相同激励下被辨识过程和辨识所得模型之间响应数据的吻合程度。这两个指标也是实验数据误差分析中常见的指标，通用性强，便于接受和理解。在数据采集、模型结构选取以及辨识方法等方面均无问题时，这两个指标是模型辨识准确度检验的首选指标。

J_{RME} 和 J_{RMSE} 的数值单位都是百分数，都是相对于过程输出响应的论域或量程而言的。所以 J_{RME} 和 J_{RMSE} 的数值大小之分，直观表明了模型误差相对于过程输出响应的论域或量程的百分比。因此，可以人为设立模型辨识准确度指标的合格性界线，例如设置 J_{RME} 的合格线为20%，设置 J_{RMSE} 的合格线为10%；或者更严格一些，设置 J_{RME} 的合格线为10%，设置 J_{RMSE} 的合格线为5%。一般而言，合格线的设立有助于模型辨识方法的优化和模型辨识工作的展开。

3. 基于特征参数吻合度的模型辨识准确度指标

在数据采集、模型结构选取以及辨识方法等方面有不当问题时，仅仅使用上述基于响应数据吻合度的模型辨识准确度指标是不够的。例如，当模型结构选取不当时（比如用无自平衡特性结构的模型去辨识有自平衡特性过程），即使得到使 J_{RME} 和 J_{RMSE} 最小数值的模型，那也是错误的模型。再例如，若把负作用过程当作正作用过程来辨识，所得到的模型就是反方向的模型，所得模型根本不可用，此时应该考虑如下所述的衡量被辨识过程和辨识所得模型之间的特征参数的吻合程度的指标。这类指标不妨称为基于特征参数吻合度的模型辨识准确度指标。选用基于特征参数吻合度的模型辨识准确度指标可对所辨识的模型进行定性或定向的模型偏差检验。

假定过程辨识前已经对被辨识过程有了定性的和定量的认识，知道了被辨识过程的一些特征参数，其参数值可能不准确，但至少其数量级是准确的，那么就可采用以下定义的基于特征参数吻合度的模型辨识准确度指标来评价模型辨识准确度。这个基于特征参数吻合度的模型辨识准确度指标原本是针对单变量过程辨识提出的，它针对的是一个单入单出的过程模型。若是针对一个多入多出的过程，则需要按照每一个某入至某出的过程依次应用。

可定义如下四个基于特征参数吻合度的模型辨识准确度指标：

增益比： $$P_{\text{K}} = \frac{\hat{K}}{K} \tag{2-6}$$

惯性时间比： $$P_{\text{T}} = \frac{\hat{T}}{T} \tag{2-7}$$

迟延时间比：
$$P_\tau = \frac{\hat{\tau}}{\tau} \tag{2-8}$$

增益积：
$$P_{KM} = K * \hat{K} \tag{2-9}$$

其中，被辨识过程的先验特征参数分别是增益 K、惯性时间 T、延迟时间 τ。辨识所得模型的特征参数分别是增益 $\hat{K}$、惯性时间 $\hat{T}$、延迟时间 $\hat{\tau}$。被辨识过程的先验特征参数在辨识前一般是可根据被辨识过程的先验知识估算一个数值。一般而言，指标 P_K、P_T 和 P_τ 是越接近 1 越好，而对于 P_{KM}，则要看是否大于 0。当 $P_{KM} > 0$ 时，说明 K 与 $\hat{K}$ 同号，则表明作用方向相同。当 $P_{KM} < 0$ 时，说明 K 与 $\hat{K}$ 不同号，则表明作用方向相反，或者说 $\hat{K}$ 错了。

此外可以看出，应用基于特征参数吻合度的模型辨识准确度指标需要一个前提条件，那就是过程的先验特征参数是已知的。

4. 模型辨识准确度指标应用算例

针对某已知二输入一输出的被辨识过程，假设其模型为

$$G_{11}(s) = \frac{2}{200s + 1}$$

$$G_{21}(s) = \frac{895(90s + 1)}{(2s + 1)(45s + 1)(230s + 1)}$$

则有以下模型的先验特征参数：

$$K_{11} = 2$$

$$K_{21} = 895$$

$$T_{11} = 200$$

$$T_{21} = 2 + 45 + 230 - 90 = 230$$

通过辨识试验获取 800 点过程输出响应 $\{y_1(k), k = 1, 2, \cdots, 800\}$、输入数据 $\{u_1(k), k = 1, 2, \cdots, 800\}$ 和输入数据 $\{u_2(k), k = 1, 2, \cdots, 800\}$，并通过粒子群优化（Particle Swarm Optimization，PSO）算法辨识程序得到的辨识模型为

$$\hat{G}_{11}(s) = \frac{2.191}{232.9s + 1}$$

$$\hat{G}_{21}(s) = \frac{951.1(97.11s + 1)}{(1.995s + 1)(45.79s + 1)(259.3s + 1)}$$

则有以下辨识模型的特征参数：

$$Km_{11} = 2.191$$

$$Km_{21} = 951.1$$

$$Tm_{11} = 232.9$$

$$Tm_{21} = 1.995 + 45.79 + 259.3 - 97.11 = 209.975$$

根据所提出的辨识模型准确性评价指标计算公式，可以得到

$$J_{RME} = \frac{\max\{\,|\,y_j(k) - ym_j(k)\,|\,\}}{\max\{y_j(k)\} - \min\{y_j(k)\}} \times 100\% = 0.0066\%$$

$$J_{RMSE} = \frac{\sqrt{\dfrac{1}{N}\displaystyle\sum_{k=1}^{N}(y_j(k) - ym_j(k))^2}}{\max\{y_j(k)\} - \min\{y_j(k)\}} \times 100\% = 0.0037\%$$

$$P_{K11} = \frac{Km_{11}}{K_{11}} = \frac{2.191}{2} = 1.0955$$

$$P_{K21} = \frac{Km_{21}}{K_{21}} = \frac{951.1}{895} = 1.0627$$

$$P_{T11} = \frac{Tm_{11}}{T_{11}} = \frac{232.9}{200} = 1.1645$$

$$P_{T21} = \frac{Tm_{21}}{T_{21}} = \frac{209.975}{230} = 0.91293$$

$$P_{KM11} = Km_{11}K_{11} = 2 \times 2.191 > 0$$

$$P_{KM21} = Km_{21}K_{21} = 951.1 \times 895 > 0$$

分析已得的模型辨识准确度指标数据可以看出：该辨识模型的总体准确性很好（相对最大误差百分数 J_{RME} 和相对均方差百分数 J_{RMSE} 均小于0.01%）；各特征参数的准确度也很高（辨识模型与先验模型的增益比 P_K 和辨识模型与先验模型的惯性时间比都接近1），并且其辨识出的增益参数没有方向性偏差（辨识模型与先验模型的增益积 P_{KM} 大于零）。由于被辨识过程没有延迟，故不用计算和分析辨识模型与先验模型的延迟时间比 P_τ。

2.3 多变量过程模型智能优化辨识算法

用于过程辨识的现代智能优化法最早是随机搜索（LJ）法，接着是改进的随机搜索（NLJ）法，后来还有遗传算法（Genetic Algorithm，GA）、粒子群优化（PSO）算法、差分进化（Differential Evolution，DE）算法等。目前，用得较多的是PSO法，该方法具有计算简单、实现容易、优化特性好的优点。以下仅按PSO法举例说明。

PSO算法是一种基于群体演化的优化方法，它是对鸟类觅食过程的模拟。在PSO算法中，每只鸟被抽象定义为没有体积和质量的粒子，相当于需要求解的优化问题可能解，并延伸至 D 维空间（即每个粒子的维数）。所有的粒子都有一个适应值，是由目标函数决定的，还有一个决定它们飞行方向的距离和速度，所有粒子就追随当前最优粒子在解的空间中搜索。PSO算法最初由 n 个粒子对 D 维空间进行搜索。其中，第 i 个粒子的速度为 $v_i = (v_{i1}, v_{i2}, \cdots, v_{id})$，位置为 $x_i = (x_{i1},$

x_{i2}, $\cdots$, x_{id});第 i 个粒子的自身最优解为$p_i = (p_{i1}, p_{i2}, \cdots, p_{id})$;整个粒子群体的最优解为$p_g = (p_{g1}, p_{g2}, \cdots, p_{gd})$。粒子速度和位置更新公式为

$$v_{id}(k+1) = \omega \cdot v_{id}(k) + c_1 r_1 [p_{id} - x_{id}(k)] + c_2 r_2 [p_{gd} - x_{id}(k)] \quad (2\text{-}10)$$

$$x_{id}(k+1) = x_{id}(k) + v_{id}(k) \quad (2\text{-}11)$$

式(2-10)中,ω 为惯性因子,是保持原有速度的系数,较大则全局寻优能力较强,局部寻优能力较弱;较小则相反。r_1,r_2 为 $[0, 1]$ 之间的随机数。c_1,c_2 为学习因子,通常均设为 2。k 为当前迭代次数。

粒子群算法的辨识步骤如下:

步骤1:初始化粒子群体随机产生位置和速度,设定初始种群和粒子当前最优位置。

步骤2:采用公式更新速度和位置。

步骤3:求每个粒子的个体极值位置。

步骤4:求粒子群体的极值位置。

步骤5:若未达到设定迭代次数,则返回步骤2;若粒子达到设定迭代次数,则结束。

PSO 算法的参数包括惯性因子 ω、学习因子c_1 和c_2、粒子数 n、粒子的维数 D、优化代数 G。一般而言,优化代数 G 的选择在于辨识精度的要求高低。辨识精度要求高时,选取较大的优化代数,如几百或几千;辨识精度要求低时,选取较小的优化代数,如几十或几百。于是,平时需要根据辨识效果调整的参数就只有三个,即惯性因子 ω、学习因子c_1 和c_2、粒子数 n。

无论是单变量过程智能优化辨识,还是多变量过程智能优化辨识,所用的智能优化算法本质上都是一样的。不同的只是模型个数和模型参数个数以及损失函数。

对于单变量过程智能优化辨识,模型只有一个,模型参数可能有 $2n$ 个,损失函数为

$$J = \frac{1}{N} \sum_{j=1}^{1} \sum_{k=1}^{N} (y_{jk} - \hat{y}_{jk})^2 = \frac{1}{N} \sum_{k=1}^{N} (y_k - \hat{y}_k)^2$$

对于多变量过程智能优化辨识,模型有 $r \times p$ 个,模型参数可能有 $\sum_{i=1}^{r} \sum_{j=1}^{p} (2n_{ij})$ 个,损失函数为

$$J = \frac{1}{pN} \sum_{j=1}^{p} \sum_{k=1}^{N} (y_{jk} - \hat{y}_{jk})^2$$

2.4　多变量过程模型准确辨识的激励条件

在单变量过程模型辨识中,为保证模型参数辨识的准确性和收敛性,要求辨识所用的激励至少是 $2n$ 阶持续激励,这已是公认的理论。那么在多变量过程模型辨识中,同样为保证模型参数辨识的准确性和收敛性,也应该有一个理论要求。遗憾

的是，这个公认的理论要求目前尚未出现。但是可以肯定的是，以下提出的待公认的多变量过程模型准确辨识的激励条件是多变量过程模型辨识所需要的。

在参考文献［3］中，对多变量过程辨识提出了一个顺序辨识的方案。那就是对于多变量过程的 r 个输入逐一激励，并逐次测量多变量过程的 p 个输出，就可以用单变量过程辨识的方法，逐次辨识单输入多输出的过程模型，从而完成多变量过程模型的辨识。这个方案无疑是理论正确但是较难推广应用的，因为实际的闭环运行生产环境很难保证逐次激励的实施条件。

如果不用顺序辨识方案，那就是多变量过程的 r 个输入同时激励的情况。在多变量过程的 r 个输入同时激励时，多变量过程模型辨识的问题就无法靠单变量过程辨识的方法来解决，多变量过程模型辨识的多个输入的激励应当怎样施加就是需要解决的问题。参考文献［138］指出，多变量辨识的一个根本问题是，每个输入变量同时变化时，每个输出变量受各输入量的影响程度无法量化，导致模型辨识计算的多解和不准确。参考文献［138］还给出了一个二入一出过程辨识的例子，证明模型辨识的不准确性。

参考文献［12］从一个两输入单输出过程的例子入手，论证了辨识时若两个输入激励信号是相关的，则辨识不出两个通道的传递函数。具体论证过程如下：

设一个两输入单输出过程，输入变量为 u_1 和 u_2，输出变量为 y，具有以下两个通道的传递函数：

$$G_1(s) = \frac{y_1(s)}{u_1(s)}$$

$$G_2(s) = \frac{y_2(s)}{u_2(s)}$$

过程输出 y 和两个通道输出的关系是

$$y(s) = y_1(s) + y_2(s)$$

若在过程模型辨识时，两个输入激励是线性相关的，不妨设

$$u_1 = k u_2$$

则有

$$y(s) = G_1(s) u_1(s) + G_2(s) u_2(s) = [kG_1(s) + G_2(s)] u_2(s)$$

若设

$$G(s) = kG_1(s) + G_2(s)$$

则有

$$y(s) = G(s) u_2(s)$$

可见这时多变量模型辨识已经化为了单变量模型辨识。虽然传递函数 $G(s)$ 可用单变量模型方法辨识得出，但是两个通道模型 $G_1(s)$ 和 $G_2(s)$ 却无法从中分辨出来。对此，参考文献［12］提出一个论点：两个输入激励信号应当是互不相关的。此外还用一个辨识实例做了验证，在这个验证例中，原模型是

$$G_1(s) = \frac{12.8e^{-60s}}{1002s + 1}$$

$$G_2(s) = \frac{-18.9e^{-180s}}{1260s + 1}$$

辨识出的模型是

$$G_1(s) = \frac{9.7e^{-20s}}{700s + 1}$$

$$G_2(s) = \frac{-15.6e^{-110s}}{1171s + 1}$$

可见，辨识出的模型是不够准确的。当用了互不相关的输入激励后，辨识出的结果是

$$G_1(s) = \frac{12.7e^{-65s}}{999s + 1}$$

$$G_2(s) = \frac{-19.6e^{-187s}}{1311s + 1}$$

尽管比相关输入激励下辨识的结果好很多，但是还不算准确。

在上述案例研究的基础上，不妨做进一步的研究。假设将一次同时激励的设计改为两次同时激励，于是有

$$y^1(s) = G_1(s)u_1^1(s) + G_2(s)u_2^1(s)$$

$$y^2(s) = G_1(s)u_1^2(s) + G_2(s)u_2^2(s)$$

若用矩阵方程来表示，则有

$$\begin{bmatrix} y^1(s) \\ y^2(s) \end{bmatrix} = \begin{bmatrix} u_1^1(s) & u_2^1(s) \\ u_1^2(s) & u_2^2(s) \end{bmatrix} \begin{bmatrix} G_1(s) \\ G_2(s) \end{bmatrix}$$

若输入激励 $\begin{bmatrix} u_1^1(s) & u_2^1(s) \\ u_1^2(s) & u_2^2(s) \end{bmatrix}$ 的逆阵存在，则通道传递函数如下：

$$\begin{bmatrix} G_1(s) \\ G_2(s) \end{bmatrix} = \begin{bmatrix} u_1^1(s) & u_2^1(s) \\ u_1^2(s) & u_2^2(s) \end{bmatrix}^{-1} \begin{bmatrix} y^1(s) \\ y^2(s) \end{bmatrix}$$

而输入激励 $\begin{bmatrix} u_1^1(s) & u_2^1(s) \\ u_1^2(s) & u_2^2(s) \end{bmatrix}$ 的逆阵存在意味着两次激励的输入向量是互不相关的。由此可见，一个两输入单输出过程的模型可以通过互不相关的两次激励来准确辨识。进一步可推断，一个多输入单输出过程的模型可以通过线性不相关的多次激励来准确辨识。而一个多输入多输出的过程可以看成是由多个多输入单输出过程组合而成的，那么可得到一个重要的结论：一个多输入多输出的过程可以通过线性不相关的多次激励来准确辨识，线性不相关的多次激励也就是多变量过程模型准确辨识的激励要求。

现考虑如图 2-2 所示的多变量过程。图 2-2 所示的多变量系统中，输入量个数为 m，输入向量为 $U(s) = \begin{bmatrix} U_1(s) & U_2(s) & \cdots & U_m(s) \end{bmatrix}^{\mathrm{T}}$，$U_i(s)(i=1,2,\cdots,m)$ 是系统的第 i 个输入；输出量的个数为 q，输出向量为 $Y(s) = \begin{bmatrix} Y_1(s) & Y_2(s) & \cdots & Y_q(s) \end{bmatrix}^{\mathrm{T}}$，$Y_j(s)(j=1,2,\cdots,q)$ 是系统的第 j 个输出。图 2-2 所示的多变量系统的输入输出关系见式（2-12）。

$$Y(s) = G(s)U(s) \tag{2-12}$$

式中，$G(s)$ 为多变量系统的传递函数矩阵，见式（2-13）。

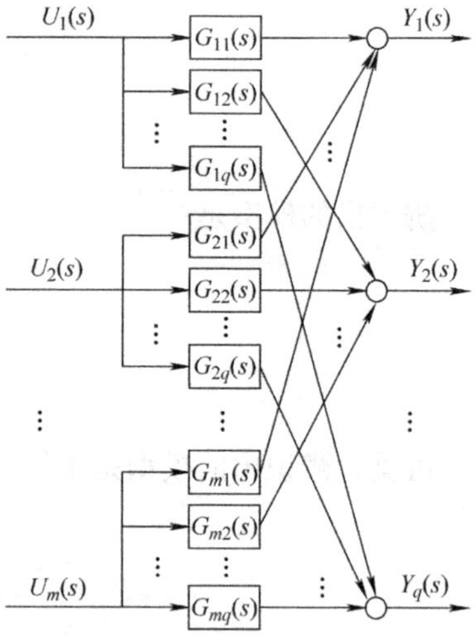

图 2-2　多变量过程的图解

$$G(s) = \begin{bmatrix} G_{11}(s) & G_{12}(s) & \cdots & G_{1m}(s) \\ G_{21}(s) & G_{22}(s) & \cdots & G_{2m}(s) \\ \vdots & \vdots & \cdots & \vdots \\ G_{q1}(s) & G_{q2}(s) & \cdots & G_{qm}(s) \end{bmatrix} \tag{2-13}$$

对图 2-2 所示的多变量系统进行模型辨识的过程就是确定 $G(s)$ 的过程。

针对图 2-2 所示的多变量系统，设计 m 组输入向量 $U^1(s)$，$U^2(s)$，$\cdots$，$U^m(s)$，设计要求是它们之间互不相关。第 k 组输入向量为 $U^k(s) = \begin{bmatrix} U_1^k(s) & U_2^k(s) & \cdots & U_m^k(s) \end{bmatrix}^{\mathrm{T}}$（$k=1,2,\cdots,m$），设在第 k 组输入激励下的输出向量为 $Y^k(s) = \begin{bmatrix} Y_1^k(s) & Y_2^k(s) & \cdots & Y_q^k(s) \end{bmatrix}^{\mathrm{T}}$，$U^k(s)$ 和 $Y^k(s)$ 组成一对辨识数据，记为 $\langle U^k(s), Y^k(s) \rangle$。$m$ 组输入向量共做 m 次辨识实验，获取 m 对辨识数据，为 $\langle U^k(s), Y^k(s) \rangle$（$k=1,2,\cdots,m$）。

图 2-2 所示的多变量系统，系统模型 $G(s)$ 为传递函数矩阵，共有 $q \times m$ 个传递函数 $G_{ij}(s)$ 需辨识。设输入向量 $U^1(s) = \begin{bmatrix} U_1^1(s) & U_2^1(s) & \cdots & U_m^1(s) \end{bmatrix}^{\mathrm{T}}$，在此输入下得到式（2-12）所示系统的输出为 $Y^1(s) = \begin{bmatrix} Y_1^1(s) & Y_2^1(s) & \cdots & Y_q^1(s) \end{bmatrix}^{\mathrm{T}}$，即

$$\begin{bmatrix} Y_1^1(s) \\ Y_2^1(s) \\ \vdots \\ Y_q^1(s) \end{bmatrix} = \begin{bmatrix} G_{11}(s) & G_{12}(s) & \cdots & G_{1m}(s) \\ G_{21}(s) & G_{22}(s) & \cdots & G_{2m}(s) \\ \vdots & \vdots & \cdots & \vdots \\ G_{q1}(s) & G_{q2}(s) & \cdots & G_{qm}(s) \end{bmatrix} \begin{bmatrix} U_1^1(s) \\ U_2^1(s) \\ \vdots \\ U_m^1(s) \end{bmatrix} \tag{2-14}$$

由式（2-14）可知，q 个方程不可能唯一地确定 $q \times m$ 个传递函数 $G_{ij}(s)$。要想确定 $q \times m$ 个传递函数 $G_{ij}(s)$，至少需要 $q \times m$ 方程。为此，设计 m 组输入向量 $U^1(s)$，$U^2(s)$，$\cdots$，$U^m(s)$。第 k 组输入向量为 $U^k(s) = \begin{bmatrix} U_1^k(s) & U_2^k(s) & \cdots & U_m^k(s) \end{bmatrix}^{\mathrm{T}}$，

对应的输出向量为 $Y^k(s) = \begin{bmatrix} Y_1^k(s) & Y_2^k(s) & \cdots & Y_q^k(s) \end{bmatrix}^T$。把 m 组输入向量组成矩阵，见式（2-15）；把 m 组输出向量组成矩阵，见式（2-16）所示；根据式（2-12）得到它们之间的关系，见式（2-17）。

$$\overline{U}(s) = \begin{bmatrix} U^1(s) & U^2(s) & \cdots & U^m(s) \end{bmatrix} = \begin{bmatrix} U_1^1(s) & U_1^2(s) & \cdots & U_1^m(s) \\ U_2^1(s) & U_2^2(s) & \cdots & U_2^m(s) \\ \vdots & \vdots & \cdots & \vdots \\ U_m^1(s) & U_m^2(s) & \cdots & U_m^m(s) \end{bmatrix}$$

$$(2\text{-}15)$$

$$\overline{Y}(s) = \begin{bmatrix} Y^1(s) & Y^2(s) & \cdots & Y^m(s) \end{bmatrix} = \begin{bmatrix} Y_1^1(s) & Y_1^2(s) & \cdots & Y_1^m(s) \\ Y_2^1(s) & Y_2^2(s) & \cdots & Y_2^m(s) \\ \vdots & \vdots & \cdots & \vdots \\ Y_q^1(s) & Y_q^2(s) & \cdots & Y_q^m(s) \end{bmatrix}$$

$$(2\text{-}16)$$

$$\begin{bmatrix} Y_1^1(s) & Y_1^2(s) & \cdots & Y_1^m(s) \\ Y_2^1(s) & Y_2^2(s) & \cdots & Y_2^m(s) \\ \vdots & \vdots & \cdots & \vdots \\ Y_q^1(s) & Y_q^2(s) & \cdots & Y_q^m(s) \end{bmatrix} = \begin{bmatrix} G_{11}(s) & G_{12}(s) & \cdots & G_{1m}(s) \\ G_{21}(s) & G_{22}(s) & \cdots & G_{2m}(s) \\ \vdots & \vdots & \cdots & \vdots \\ G_{q1}(s) & G_{q2}(s) & \cdots & G_{qm}(s) \end{bmatrix}$$

$$\begin{bmatrix} U_1^1(s) & U_1^2(s) & \cdots & U_1^m(s) \\ U_2^1(s) & U_2^2(s) & \cdots & U_2^m(s) \\ \vdots & \vdots & \cdots & \vdots \\ U_m^1(s) & U_m^2(s) & \cdots & U_m^m(s) \end{bmatrix}$$

$$(2\text{-}17)$$

由式（2-15）可知，$\overline{U}(s)$ 是 m 阶的方阵。只要 $\overline{U}(s)$ 的逆矩阵可求，则 $q \times m$ 个传递函数 $G_{ij}(s)$ 可求。$\overline{U}(s)$ 逆矩阵见式（2-18）。

$$\overline{U}^{-1}(s) = \begin{bmatrix} U_1^1(s) & U_1^2(s) & \cdots & U_1^m(s) \\ U_2^1(s) & U_2^2(s) & \cdots & U_2^m(s) \\ \vdots & \vdots & \cdots & \vdots \\ U_m^1(s) & U_m^2(s) & \cdots & U_m^m(s) \end{bmatrix}^{-1}$$

$$(2\text{-}18)$$

式（2-17）两边同乘以 $\overline{U}^{-1}(s)$，为

$$
\begin{bmatrix} Y_1^1(s) & Y_1^2(s) & \cdots & Y_1^m(s) \\ Y_2^1(s) & Y_2^2(s) & \cdots & Y_2^m(s) \\ \vdots & \vdots & \cdots & \vdots \\ Y_q^1(s) & Y_q^2(s) & \cdots & Y_q^m(s) \end{bmatrix} \begin{bmatrix} U_1^1(s) & U_1^2(s) & \cdots & U_1^m(s) \\ U_2^1(s) & U_2^2(s) & \cdots & U_2^m(s) \\ \vdots & \vdots & \cdots & \vdots \\ U_m^1(s) & U_m^2(s) & \cdots & U_m^m(s) \end{bmatrix}^{-1} =
$$

$$
\begin{bmatrix} G_{11}(s) & G_{12}(s) & \cdots & G_{1m}(s) \\ G_{21}(s) & G_{22}(s) & \cdots & G_{2m}(s) \\ \vdots & \vdots & \cdots & \vdots \\ G_{q1}(s) & G_{q2}(s) & \cdots & G_{qm}(s) \end{bmatrix} \begin{bmatrix} U_1^1(s) & U_1^2(s) & \cdots & U_1^m(s) \\ U_2^1(s) & U_2^2(s) & \cdots & U_2^m(s) \\ \vdots & \vdots & \cdots & \vdots \\ U_m^1(s) & U_m^2(s) & \cdots & U_m^m(s) \end{bmatrix}
$$

$$
\begin{bmatrix} U_1^1(s) & U_1^2(s) & \cdots & U_1^m(s) \\ U_2^1(s) & U_2^2(s) & \cdots & U_2^m(s) \\ \vdots & \vdots & \cdots & \vdots \\ U_m^1(s) & U_m^2(s) & \cdots & U_m^m(s) \end{bmatrix}^{-1}
$$

得

$$
\begin{bmatrix} G_{11}(s) & G_{12}(s) & \cdots & G_{1m}(s) \\ G_{21}(s) & G_{22}(s) & \cdots & G_{2m}(s) \\ \vdots & \vdots & \cdots & \vdots \\ G_{q1}(s) & G_{q2}(s) & \cdots & G_{qm}(s) \end{bmatrix} = \begin{bmatrix} Y_1^1(s) & Y_1^2(s) & \cdots & Y_1^m(s) \\ Y_2^1(s) & Y_2^2(s) & \cdots & Y_2^m(s) \\ \vdots & \vdots & \cdots & \vdots \\ Y_q^1(s) & Y_q^2(s) & \cdots & Y_q^m(s) \end{bmatrix}
$$

$$
\begin{bmatrix} U_1^1(s) & U_1^2(s) & \cdots & U_1^m(s) \\ U_2^1(s) & U_2^2(s) & \cdots & U_2^m(s) \\ \vdots & \vdots & \cdots & \vdots \\ U_m^1(s) & U_m^2(s) & \cdots & U_m^m(s) \end{bmatrix}^{-1} \tag{2-19}
$$

根据式（2-19），$q \times m$ 个传递函数 $G_{ij}(s)$ 可唯一确定。

由此可知，对于输入量的个数为 m 的多变量系统进行系统辨识，需要设计 m 组的输入向量，进行 m 批次的辨识试验，获取 m 组的辨识数据，且只要由 m 组的输入向量组成的输入方阵的逆存在，则该多变量系统的传递函数数学模型可有效地辨识。而 $m \times m$ 维的输入向量方阵的逆存在意味着 m 批次的输入向量之间是线性无关的；也就是说，多变量过程模型辨识的 m 批次的输入激励是不相关的。

至此证明，具有输入变量个数为的 m 多变量过程模型的辨识激励要求可归纳为：需进行 m 批次的输入激励且激励向量之间是线性无关的。

2.5 非零初态条件下的多变量过程辨识

一般而言，辨识过程都是在零初始状态的假设条件下进行的。所谓零初始状态条件指的是状态变量的各阶导数都为零，即对任一状态变量有

$$y(0) = \dot{y}(0) = \cdots = y^{(n-1)}(0) = y^{(n)}(0) = 0 \qquad (2\text{-}20)$$

这就要求在辨识数据段的起用时刻，被辨识过程已处于完全的静止或平衡状态。但是，在实际辨识过程中，这一点根本做不到。一是实际存在的噪声或扰动无时不在；二是为维持正常生产的频繁调节活动从不中断。换句话说，要找到辨识理论所需要的零初始条件是非常困难的，或许这就是以往的零初始条件辨识理论在非零初始条件的辨识应用实践下处处落败的主要原因之一。

1. 非零初始状态条件下的过程辨识解决方案

针对零初始条件下的辨识问题，姜景杰（2006）[165]和靳其兵（2011）[166]给出了一种解决方案。那就是将系统状态变量的初始值也当作辨识参数和模型参数一起辨识。应该说，这种方案基本可以解决非零初始条件下的过程辨识问题。这种方案对于无论是开环辨识还是闭环辨识显然都是有效的。经过仔细分析，这种方案对于多变量过程辨识同样有效，可以将参考文献［30］的针对单变量过程辨识的非零初始状态条件下的过程辨识解决方案扩展到多变量过程。

设多变量被辨识过程用连续时间状态方程模型表示为

$$\begin{cases} \dot{X}(t) = AX(t) + Bu(t) \\ \quad y(t) = CX(t) \end{cases} \qquad (2\text{-}21)$$

$$X(t = t_0) = X_0 \qquad (2\text{-}22)$$

当状态变量初始值为零时，即

$$X_0 = 0 \qquad (2\text{-}23)$$

所考虑的被辨识过程的辨识问题就是零初始条件下的过程辨识问题。当状态变量初始值不为零时，即

$$X_0 \neq 0 \qquad (2\text{-}24)$$

所考虑的被辨识过程的辨识问题就是非零初始条件下的过程辨识问题。对此，将系统状态变量的初始值当作辨识参数和模型参数一起辨识的解决方案可以表述为设立被辨识的模型参数变量，即

$$\boldsymbol{\theta} = \begin{bmatrix} A & B & C & X_0 \end{bmatrix} \qquad (2\text{-}25)$$

进一步的研究还可发现，状态变量的初始值也变为被辨识参数后，使被辨识参数的数量大为增加，从而增加了模型辨识的工作量并降低了模型辨识的准确度。一般而言，n 阶系统就有 n 个状态变量，也就有 n 个状态变量初始值需要辨识。所以说，被辨识参数数量的增加量将是系统的阶数。

2. 将状态变量初始值当作辨识参数的一种改进执行方案

上述解决方案在执行时存在着参数过多的问题，例如，一个二阶过程，用传递

函数表示则需要三个模型参数，而用状态方程模型表示则需要六个模型参数。所以，一种改进的执行方案是利用传递函数模型易于转换成状态方程模型的特点，将被辨识的状态方程模型参数换成传递函数模型参数，即

$$\boldsymbol{\theta} = \begin{bmatrix} G(a_i & b_i) & \boldsymbol{X}_0 \end{bmatrix} \tag{2-26}$$

3. 非零初始条件下带时延过程的辨识问题

除此之外，还发现对于非零初始条件下带时延系统的辨识，仅用状态变量初始值也当作辨识参数的方法还是不够的，因为迟延环节也有未知的初始值需要确定。对此，也可用将迟延环节用连续时间的多容惯性模型来替代，转换成避开迟延环节的未知初始值确定问题，即

$$e^{-\tau s} = \frac{1}{\left(\dfrac{\tau}{n}s + 1\right)^n} \tag{2-27}$$

2.6 多变量过程模型结构的确定方法

1. 多变量过程模型结构的确定问题

传统的辨识理论所给出的模型结构的确定问题在实际中被过于简单化地归结为过程模型的阶次确定问题，这是不科学的。因为当模型的阶次确定之后，还有模型零极点的变化，以及延迟环节是否存在的异同。正如参考文献［30］所给出的常用的被控过程的线性模型就有 11 类。其中，有阶数的不同，有零极点的不同，还有有无延迟环节的不同。仅解决模型阶次的确定问题，只是确定了模型结构中的一种参量，并不代表模型结构的全部参量的确定。以上还只限于考虑单变量过程模型结构的确定问题，若是考虑多变量过程模型结构的确定问题，则需要考虑过程输入变量数的确定和过程输出变量数的确定问题。若是考虑非线性模型结构，则还有更多的模型结构参量需要考虑。因此，在众多教科书中将模型结构的确定归结为过程模型的阶次确定的做法值得商榷。

从面向控制的工程应用需求角度来看，模型阶数应当尽量选低，也不用很准确。但是，阶数相同的模型，其动态特性可以相差很大，也就是说仅仅确定模型阶数是不够的，实际需要确定的是模型零极点的大体位置，只有知道了模型零极点的大体位置，才能确定模型的基本特性，例如，微分型、积分型、惯性型或振荡型，这些更细致的模型结构特征，仅靠模型阶次确定是无法区别的。

对于过程模型结构的确定，历来有白箱法和黑箱法之分，或者说是理论法和实验法之分。用白箱法就是根据过程机理的理论分析来确定过程模型结构。用黑箱法就是根据过程的大量实验数据的分析来确定过程模型结构。有人主张用白箱法来确定过程模型结构，因为尽管弄清一个具有复杂工作机理的实际过程很难，但是其建模有根有据，所建模型结构具有较高的可信度。有人主张用黑箱法来确定过程模型结构，因为方法通用、建模便利，并且不需要很难找到的过程专家来帮忙。其实更

多的人倾向于采用灰箱法来确定过程模型结构。用灰箱法就是将白箱法和黑箱法结合在一起来确定过程模型结构。用灰箱法的基本思路就是充分发挥白箱法可靠性高和黑箱法建模便利的优势而回避白箱法技术参数不准和黑箱法盲目性高的劣势。

如 1.6 节所述，多变量过程智能优化辨识需要解决三个问题：第一是选定多变量过程模型的输入变量和输出变量；第二是确定各输入输出通道模型的模型结构；第三是确定各通道模型的参数优选域。这三个问题可以作为多变量过程模型结构的基本问题。选定多变量过程模型的输入变量和输出变量的问题可认为是确定模型大结构或大框架的问题；确定各输入输出通道模型的模型结构可认为是确定模型小结构或内结构的问题；确定各通道模型的参数优选域可认为是确定模型参数的变化范围或参数数值数量级的问题。

2. 多变量过程模型结构的机理分析确定法

针对确定多变量过程模型结构的三个基本问题，可以用机理分析（白箱）的方法来解决，应该说，这种方法是一种通用的可靠性较高的方法。

对于确定多变量过程模型的输入变量和输出变量的问题，一般可通过两种思路来解决。一种是通过参考实际控制工程经实践考验成功的传统设计方案，另一种是通过机理建模分析的方式。例如，一个工业电加热过程，实际控制工程经实践考验成功的传统设计方案是输入量选定为加热电功率，输出量选定为加热炉（箱）内温度，所以过程模型的输入变量可以选定为电功率，而输出变量就选为炉（箱）内温度。若用机理分析建模的方法，则可根据电热机理和传热机理分析得知温度变量是热量的函数而热量是电功率的函数，所以同样可选定电功率为输入变量及选定炉（箱）内温度为输出变量。

用机理分析的方法来解决确定多变量过程模型的各输入输出通道模型的结构应该是比较科学的方法。因为根据公认的科学定律，经过严密的数学推导所建立的机理分析模型可以可靠地反映过程地动态特性。对于一个力学系统，可从牛顿定律出发；对于一个热学系统，可依赖热力学定律；对于一个电学系统，可用欧姆定律、基尔霍夫等定律来推导；对于一个混合机理运行的系统，可以看成多个单机理的小系统的组合系统，分别推导出小系统的模型再组合成大系统模型。总之，通过机理建模的模型是有理有据的，可信度较高。此外，通过机理分析建立起来的过程模型，自然确定了多变量过程模型的输入变量和输出变量，这个结果可直接利用或稍加变换地利用。

用机理分析建模的方法来解决确定各通道模型的参数优选域问题也是顺带的事情。因为机理分析模型建立起来后，较容易导出物理参数与模型参数之间的关系，所以当具体的物理参数已知时，模型参数值就可推算出来。例如一个水力过程的水位变化的惯性时间常数取决于水箱容器的截面积，只要知道了水箱容器的截面积参数值，便可推算出模型的惯性时间常数。

当然，机理分析建模是一项非常艰难的工作，特别是面对的工业过程大多是含有复杂过程机理的过程，很不容易研究清楚其中各种关系和动态特性。所以，建立一个较准确的机理分析模型就需要各种专业知识和技术资料，还需要很多专家的宝贵经验，需要大量的研究者付出的长期的智力劳动。机理分析建模还需要做一系列合理的假定，需要列写出各种表述自然规律的数学方程式，需要查找和换算出相关的物性系数，需要实际设备的技术设计参数和实际制作数据，需要作各种数学推导、证明和简化计算等。总之，要建立一个可靠的、准确的模型，可能需要几代人的持续努力。

3. 多变量过程模型结构的数据分析确定法

针对确定多变量过程模型结构的三个基本问题，可以用数据分析（黑箱）的方法来解决，不过不应是第一选择。对于确定多变量过程模型的输入变量和输出变量的问题可用多元统计分析的主元分析方法来解决，但是可能有不合理的情况发生。例如，参考文献［147］所举之例，用现场运行数据建立主元模型并分析计算主元的贡献率、T2 统计量及其控制限值，可将原来影响主汽温度的六个变量压缩为两个主元：锅炉负荷与给煤总量；而过程控制所需的模型至少应当包含减温喷水量。这说明用数据分析方法解决确定多变量过程模型的输入变量和输出变量的问题并不是一个通用的方法。对于确定各输入输出通道模型的模型结构的问题，可用参考文献［30］提出的根据各通道过程阶跃响应特征确定模型结构的方法来解决，当然前提是已获得各通道过程阶跃响应数据。对于确定各通道模型的参数优选域的问题，目前都是凭人工经验或试凑，尚没有可用的数据分析方法。

参考文献［30］提出的根据各通道过程阶跃响应特征确定模型结构的方法可简述如下：

假定限定所用的过程模型是线性的，并选定如下所列的 11 种被辨识过程的模型结构为模型集：

1）单容时滞模型：$G_p(s) = \dfrac{Ke^{-\tau s}}{Ts + 1}$

2）双容时滞模型：$G_p(s) = \dfrac{Ke^{-\tau s}}{(T_1 s + 1)(T_2 s + 1)}$

3）多容时滞模型：$G_p(s) = \dfrac{Ke^{-\tau s}}{(Ts + 1)^n}$

4）单容超前模型：$G_p(s) = \dfrac{K(Ls + 1)}{Ts + 1}$

5）双容超前模型：$G_p(s) = \dfrac{K(Ls + 1)}{(T_1 s + 1)(T_2 s + 1)}$

6）三容超前模型：$G_p(s) = \dfrac{K(T_4 s + 1)}{(T_1 s + 1)(T_2 s + 1)(T_3 s + 1)}$

7）单容时滞积分模型：$G_p(s) = \dfrac{Ke^{-\tau s}}{s(Ts + 1)}$

8）单容微分模型：$G_p(s) = \dfrac{Ks}{Ts + 1}$

9）双容微分模型：$G_p(s) = \dfrac{Ks}{(T_1s+1)(T_2s+1)}$

10）二阶振荡模型：$G_p(s) = \dfrac{K}{T^2s^2 + 2\zeta Ts + 1}$

11）单容右零点模型：$G_p(s) = \dfrac{K(-Fs+1)}{Ts+1}$

根据上述的 11 种被辨识过程模型的典型阶跃响应曲线，可以把它们归为 7 种类型，即时滞型、惯性型、超前型、微分型、积分型、振荡型、右零点型。这 7 种类型的特征可具体描述如下：

1）时滞型模型阶跃响应特征：时滞型模型阶跃响应的特征是其阶跃响应曲线的起始处有一段输出为零的响应，且零响应段的长度与时滞时间成正比。

2）惯性型模型阶跃响应特征：其阶跃响应曲线为半 S 形或 S 形。对于单容过程其阶跃响应曲线为半 S 形，而对于双容及多容过程其阶跃响应曲线为 S 形。惯性型模型阶跃响应的后半段为按指数规律衰减的变化曲线，输出变量的变化速度从最大值线性地减少至零。

3）超前型模型阶跃响应特征：其阶跃响应曲线的前半段有上冲的突起。有超前特性的惯性过程和无超前特性的惯性过程的阶跃响应曲线间的差别就在于有无这个前期突起。

4）微分型模型阶跃响应特征：其阶跃响应曲线就像一个脉冲，最终将趋向零。

5）积分型模型阶跃响应特征：其阶跃响应曲线就像一条上坡轨迹，永远爬不到顶的那种。

6）振荡型模型阶跃响应特征：其响应曲线上下波动，或衰减或发散，或单频率振荡，或多频率振荡。

7）右零点型模型阶跃响应特征：其阶跃响应曲线起始处存在负响应波形。

基于阶跃响应特征的过程模型结构初定方法可简述如下：

假定已知某过程的阶跃响应曲线，那么可通过人工观察该过程的阶跃响应曲线，判断出是否具有上述的 7 种类型的阶跃响应特征。如果有，则可按下述方法初定过程模型结构；如果没有，则需另想办法。如果所具有的特性类型不止一个，则所初定的模型结构可以是几种模型的组合。具体的模型结构初定做法如下：

1）当模型阶跃响应具有时滞型特征时，其模型结构应当包括时滞环节 $e^{-\tau s}$。

2）当模型阶跃响应具有惯性型特征时，其模型结构应当包括惯性环节 $\dfrac{1}{Ts+1}$，

$\dfrac{1}{(T_1s+1)(T_2s+1)}$，$\dfrac{1}{(T_1s+1)(T_2s+1)(T_3s+1)}$ 或 $\dfrac{1}{(Ts+1)^n}$。

3）当模型阶跃响应具有超前型特征时，其模型结构应当包括超前环节 $\dfrac{K(Ls+1)}{Ts+1}$ 或 $\dfrac{K(Ls+1)}{(T_1s+1)(T_2s+1)}$。

4）当模型阶跃响应具有微分型特征时，其模型结构应当包括微分型环节 $\dfrac{Ks}{Ts+1}$。

5）当模型阶跃响应具有积分型特征时，其模型结构应当包括积分环节 $\dfrac{1}{s}$。

6）当模型阶跃响应具有振荡型特征时，其模型结构应当包括振荡环节 $\dfrac{K}{Ts^2+2\zeta Ts+1}$。

7）当模型阶跃响应具有右零点型特征时，其模型结构应当包括右零点型环节 $\dfrac{K(-Fs+1)}{Ts+1}$。

8）当模型阶跃响应同时具有多种类型特征时，其模型结构应当包括这些类型的对应环节。不过多种环节的叠加将会使模型变得复杂和高阶，从而使辨识困难增加。为此，应当做简化处理，即比较已有的多种特征，只选用较明显的特征，从而减少模型初定所考虑的阶跃响应类型数。

2.7　基于闭环控制机理的多变量过程模型框架构建

正如在参考文献［30］中所分析的那样，在实际闭环控制系统中，被控过程的输出量也就是控制系统的被控量往往不是只受一个控制量作用。更严密的分析应当是：被控过程的输出量将受到受控过程的两类通道的多个输入变量的作用，如图 2-3 所示。首先是可控通道，对于单回路单变量控制系统，可控通道只有一路，也就是对应于一个控制量的作用；对于多回路多变量控制系统，可控通道将有多路（图 2-3 中的示例为两个可控通道关联一个过程输出），也就是对应于多个控制量的作用。其次是扰动通道，即便是对于一个过程输出，该过程输出关联的扰动通道的多个输入还

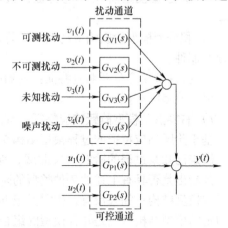

图 2-3　具有扰动通道的闭环控制系统分析

可细分为四类，即可测扰动类、不可测扰动类、未知扰动类和随机噪声扰动类，这四类扰动通道输入都将作用于被控过程的输出量。

对于可测扰动通道，其输入量必然是可以测到的。例如，负荷、功率、流量，都是典型的可测扰动变量。许多受控过程特性随负荷而变，以至于控制器若按固定负荷模型设计就将得不到好的控制品质，从而不得不采用多模控制或滑模控制等方

案。因此，对于可测扰动通道输入敏感的被控过程的模型辨识，应该将可测扰动通道模型与可控通道模型一起辨识。

对于不可测扰动通道，其输入量虽然在分析中存在，但是在实际检测中却是无法实现的，例如，蒸汽干度、某种化学成分浓度、传热流量等。虽然知道这些输入量将必然对输出量产生影响，但是却因这些量不可测而无法建立相应的扰动通道模型。

对于未知扰动通道，其输入量甚至不能通过现有的理论分析得知，当然无法命名。但是在实际的过程辨识中，被控过程的未知扰动通道往往是存在的，特别是在多变量控制系统的复杂特性过程中，以及在缺少被控过程的先验知识的场合中。在过程模型辨识中，未知扰动通道模型可测和不可测扰动通道模型归在一起处理，因为它们的输入量都是无法检测的。

对于随机噪声扰动通道，其输入量虽然在理论分析中存在，但是实际检测仍然很困难，因为无法将噪声和有效的过程输出严格分开。然而，噪声的统计特性还是可以测量的，建立噪声模型也具有可行性。在过程模型辨识中，对于随机噪声扰动通道，一般有忽略和建立模型两种处理方案。

根据以上分析，闭环控制系统中被控过程的输出量实际上将受多类多个输入量的影响，即便是所谓的单回路单变量控制系统也是如此。因此，严格地说，一般的被控过程模型辨识的问题应该是一个多变量过程辨识问题。如果不算噪声输入项，则过程输出量至少受到可控通道类输入、可测扰动类输入、不可测扰动类输入、未知扰动类输入和噪声扰动输入的影响，即便是忽略不可检测的不可测扰动类输入、未知扰动类输入和噪声扰动输入，过程输出量仍然还受到可控通道类输入和可测扰动类输入的作用。

应当指出，多入多出模型辨识问题并非可以简单套用单入单出模型辨识方法来解决。所以，即便是单回路单变量控制系统，若要考虑可测扰动类输入，则被控过程模型辨识的问题将是一个多入多出模型辨识问题，必须用多变量过程辨识的方法来解决。

由此看来，针对模型辨识需求的多变量过程模型的框架构建，较完整的方案是多变量过程模型的输入量不但应包含各可控通道的可控量，还应包含扰动通道的可测扰动类、不可测扰动类、未知扰动类和随机噪声扰动类的扰动量，较实际的简化版方案是多变量过程模型的输入量只包含可控通道的各可控量和扰动通道的各可测扰动类输入量。至于多变量过程模型的输出量，不管是多变量过程模型框架构建完整版方案还是多变量过程模型框架构建简化版方案，都是被控过程的所有被控量。

第3章

基于机理分析的典型多变量过程
建模原理及模型

3.1 机械过程的动态特性机理分析模型

涉及物体宏观运动的系统称为机械系统，机械系统的输入变量通常是力或（和）力矩。描述机械系统状态的主要变量是位移、速度、转动角度和角速度等，机械系统运动遵循的主要科学规律是牛顿运动定律、刚体定轴转动定律等。以下给出两个典型机械系统的动态特性机理分析建模的过程。

1. 由弹簧－重块－阻尼器组成的机械位移过程

图 3-1 所示为一个由弹簧－重块－阻尼器组成的机械位移系统。当外力 $F(t)$ 作用到重块 m 上时，重块 m 将产生位移 $y(t)$。拟建立该系统以外力 $F(t)$ 为输入，以重块位移 $y(t)$ 为输出的动态数学模型。

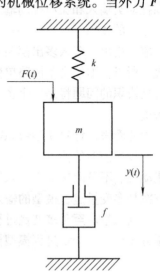

按集总参数模型考虑，对重块做受力分析。应用牛顿第二定律可得力平衡方程

$$F(t) - F_1(t) - F_2(t) = m\frac{\mathrm{d}^2 y(t)}{\mathrm{d}t^2} \quad (3\text{-}1)$$

式中，$F_1(t)$ 为阻尼器阻力；$F_2(t)$ 为弹簧弹力；m 为重块的质量。

根据阻尼器固有动态特性，有

$$F_1(t) = f\frac{\mathrm{d}y(t)}{\mathrm{d}t} \quad (3\text{-}2)$$

根据弹簧固有动态特性，有

$$F_2(t) = ky(t) \quad (3\text{-}3)$$

图 3-1 弹簧－重块－阻尼器系统

式（3-2）和式（3-3）中，f 为阻尼器的阻尼系

数；k 为弹簧的弹性系数。将式（3-2）和式（3-3）代入式（3-1），再整理可得

$$\frac{m}{k}\frac{\mathrm{d}^2y(t)}{\mathrm{d}t^2}+\frac{f}{k}\frac{\mathrm{d}y(t)}{\mathrm{d}t}+y(t)=\frac{1}{k}F(t) \tag{3-4}$$

若令

$$T=\sqrt{\frac{m}{k}} \tag{3-5}$$

$$\zeta=\frac{f}{2\sqrt{mk}} \tag{3-6}$$

$$K=\frac{1}{k} \tag{3-7}$$

则式（3-4）可写成标准形式的二阶线性常系数微分方程

$$T^2\frac{\mathrm{d}^2y(t)}{\mathrm{d}t^2}+2\zeta T\frac{\mathrm{d}y(t)}{\mathrm{d}t}+y(t)=KF(t) \tag{3-8}$$

式中，T 为系统的时间常数；ζ 为阻尼比；K 为放大系数。

由式（3-8）可知，该机械系统的数学模型是一个二阶线性常系数微分方程。对式（3-8）两端分别进行 Laplace 变换，可整理得到该系统的传递函数模型为

$$G(s)=\frac{Y(s)}{F(s)}=\frac{K}{T^2s^2+2\zeta Ts+1} \tag{3-9}$$

可见，这种机械系统的机理分析模型是一个典型的二阶系统，具有两个极点和无零点，其动态特性可能是惯性特性或振荡特性（取决于阻尼比 ζ）。只要知道该系统的特性参数（阻尼器的阻尼系数 f、弹簧的弹性系数 k、重块质量 m），就能确定模型特性参数（时间常数 T、阻尼比 ζ 和放大系数 K）。根据式（3-5）～式(3-7)，时间常数 T 与重块质量的算术二次方根 $\sqrt{m}$ 成正比，而与弹性系数的算术二次方根 $\sqrt{k}$ 成反比；阻尼比 ζ 与阻尼系数 f 成正比，而与质量的算术平方根 $\sqrt{m}$ 和弹性系数的算术二次方根 $\sqrt{k}$ 均成反比；放大系数 K 与弹性系数 k 成反比。

2. 机械转动过程

图 3-2 所示为一个典型的机械转动系统。图中，J 为转动物体的转动惯量，f 为摩擦系数，θ 为转动角度，ω 为转动角速度，M 为外加作用的力矩。拟建立该系统以力矩 M 为输入，以转动角度 θ 为输出的动态数学模型。

根据刚体定轴转动定律得

$$M-f\omega=J\frac{\mathrm{d}\omega}{\mathrm{d}t} \tag{3-10}$$

将 $\omega=\frac{\mathrm{d}\theta}{\mathrm{d}t}$ 代入上式并整理后，可得

$$\frac{J}{f}\frac{\mathrm{d}^2\theta}{\mathrm{d}t^2}+\frac{\mathrm{d}\theta}{\mathrm{d}t}=\frac{M}{f} \tag{3-11}$$

若令

37

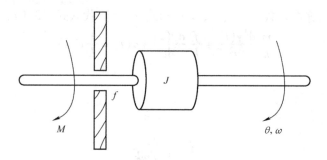

图 3-2　机械转动系统

38

$$T = \frac{J}{f} \tag{3-12}$$

$$K = \frac{1}{f} \tag{3-13}$$

则式（3-11）可写成以下二阶线性常系数微分方程：

$$T \frac{\mathrm{d}^2 \theta}{\mathrm{d}t^2} + \frac{\mathrm{d}\theta}{\mathrm{d}t} = KM \tag{3-14}$$

由式（3-14）可知，该机械转动系统的数学模型是一个二阶线性常系数微分方程。对式（3-14）两端分别进行 Laplace 变换，可整理得到该系统的传递函数模型为

$$G(s) = \frac{\theta(s)}{M(s)} = \frac{K}{s(Ts+1)} \tag{3-15}$$

可见这种机械系统的机理分析模型是一个典型的积分惯性型二阶系统，具有两个极点且无零点，其动态特性可能是有惯性的积分特性。只要知道该系统的特性参数（转动惯量 J 和摩擦系数 f），就能确定模型特性参数（时间常数 T 和放大系数 K）。根据式（3-12）和式（3-13），时间常数 T 与转动惯量 J 成正比，而与摩擦系数 f 成反比，放大系数 K 与摩擦系数 f 成反比。

3.2　流体过程的动态特性机理分析模型

凡涉及流体流动的系统都称为流体系统。流体系统的输入变量通常是流量、流速或（和）压力，描述流体系统状态的主要变量是流量、流速、液位和压力等，流体系统主要遵循各种流体力学规律。下面给出两个典型流体系统的动态特性机理分析建模的过程。

1. 单容液位流体过程

图 3-3 所示为一个单容液位系统。图中流入容器的液体质量流量为 G_i，流出容器的液体质量流量为 G_o。当 G_i、G_o 不相等时，容器的液位 H 就会发生变化。拟

建立该系统以流入质量流量 G_i 为输入，以液位 H 为输出的动态数学模型。

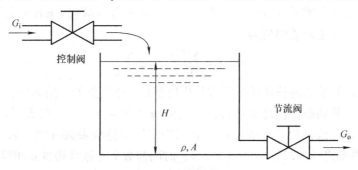

图 3-3　单容液位系统

根据质量守恒定律，有

$$\rho A \frac{\mathrm{d}H}{\mathrm{d}t} = G_i - G_o \tag{3-16}$$

式中，ρ 为液体密度；A 为容器截面积。

流出容器的质量流量 G_o 与液位 H 之间，有以下关系：

$$G_o = \alpha \sqrt{H} \tag{3-17}$$

式中，α 为容器出口的流量系数。

将式（3-17）代入式（3-16），可得

$$\rho A \frac{\mathrm{d}H}{\mathrm{d}t} + \alpha \sqrt{H} = G_i \tag{3-18}$$

显然，式（3-18）是一个一阶非线性微分方程，不便于后续的工程应用。考虑到当液位变量小范围变化时，系统特性可近似为线性特性，可对式（3-17）做线性化处理，有

$$\Delta G_o = k(H - H_0) = k\Delta H \tag{3-19}$$

式中，线性化流量系数 $k = \dfrac{\alpha}{2\sqrt{H_0}}$，其中 H_0 为线性化工作点的液位值。

将式（3-19）代入式（3-18）的增量式中，整理后可得以下线性微分方程：

$$\frac{\rho A}{k} \frac{\mathrm{d}(\Delta H)}{\mathrm{d}t} + \Delta H = \frac{\Delta G_i}{k} \tag{3-20}$$

令

$$T = \frac{\rho A}{k} \tag{3-21}$$

$$K = \frac{1}{k} \tag{3-22}$$

则式（3-15）可写成一阶线性常系数微分方程如下：

$$T \frac{\mathrm{d}(\Delta H)}{\mathrm{d}t} + \Delta H = K\Delta G_i \tag{3-23}$$

由式（3-23）可知，当液位变量小范围变化时，单容液位系统的数学模型是一个一阶线性常系数微分方程。对式（3-23）两端分别进行 Laplace 变换，可整理得到该系统的传递函数模型为

$$G(s) = \frac{\Delta H(s)}{\Delta G_i(s)} = \frac{K}{Ts + 1} \tag{3-24}$$

可见，这种单容液位系统的机理分析模型是一个典型的一阶系统，具有一个极点且无零点，其动态特性是惯性特性。只要知道该系统的特性参数（液体密度 ρ、容器截面积 A 和线性化流量系数 k），就能确定模型特性参数（时间常数 T 和放大系数 K）。根据式（3-21）和式（3-22），时间常数 T 与液体密度 ρ 和容器截面积 A 成正比而与线性化流量系数 k 成反比；放大系数 K 与线性化流量系数 k 成反比。

2. 压缩空气流体过程

图 3-4 所示为一个压缩空气系统。图中，G_i 为流入储气罐的气体质量流量，G_o 为流出储气罐的气体质量流量，V、p、θ 分别为储气罐的体积、压力和温度，p_o 为储气罐出口压力。拟建立该系统压力变化过程的动态数学模型。

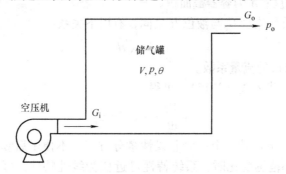

图 3-4　压缩空气系统

对储气罐内的气体应用质量守恒定律，可得

$$V \frac{\mathrm{d}\rho}{\mathrm{d}t} = G_i - G_o \tag{3-25}$$

由气体的状态方程 $\rho = f(p, \theta)$，可得

$$\frac{\mathrm{d}\rho}{\mathrm{d}t} = \frac{\partial \rho}{\partial p} \frac{\mathrm{d}p}{\mathrm{d}t} + \frac{\partial \rho}{\partial \theta} \frac{\mathrm{d}\theta}{\mathrm{d}t} \tag{3-26}$$

考虑到压力变化的速度远快于温度变化的速度，因此可忽略温度变化对气体密度的影响。这样，由式（3-25）和式（3-26）可以得到

$$V \frac{\partial \rho}{\partial p} \frac{\mathrm{d}p}{\mathrm{d}t} = G_i - G_o \tag{3-27}$$

根据流量和压力的关系，流出储气罐的气体质量流量 G_o 为

$$G_o = k \sqrt{p - p_o} \tag{3-28}$$

式中，k 为储气罐出口的流量系数。

则由式 (3-27) 和式 (3-28) 可得

$$V \frac{\partial \rho}{\partial p} \frac{\mathrm{d}p}{\mathrm{d}t} = G_\mathrm{i} - k \sqrt{p - p_\mathrm{o}} \tag{3-29}$$

式 (3-29) 是一个一阶非线性微分方程。当压力小范围变化时，可对式 (3-28) 做线性化处理，有

$$\Delta G_\mathrm{o} = \frac{k}{2 \sqrt{p_0 - p_\mathrm{o,0}}} (\Delta p - \Delta p_\mathrm{o}) \tag{3-30}$$

式中，下角标 0 代表线性化的工作点。将式 (3-30) 代入式 (3-29) 的增量式中，并整理后得到压缩空气系统的线性微分方程如下：

$$\frac{2V \frac{\mathrm{d}\rho}{\mathrm{d}p} \sqrt{p_0 - p_\mathrm{o,0}}}{k} \frac{\mathrm{d}(\Delta p)}{\mathrm{d}t} + \Delta p = \frac{2 \sqrt{p_0 - p_\mathrm{o,0}}}{k} \Delta G_\mathrm{i} + \Delta p_\mathrm{o} \tag{3-31}$$

令

$$T = \frac{2V \frac{\mathrm{d}\rho}{\mathrm{d}p} \sqrt{p_0 - p_\mathrm{o,0}}}{k} \tag{3-32}$$

$$K = \frac{2 \sqrt{p_0 - p_\mathrm{o,0}}}{k} \tag{3-33}$$

则式 (3-31) 可写成

$$T \frac{\mathrm{d}(\Delta p)}{\mathrm{d}t} + \Delta p = K\Delta G_\mathrm{i} + \Delta p_\mathrm{o} \tag{3-34}$$

对式 (3-34) 两端分别进行 Laplace 变换，可整理得到该系统的传递函数模型为

$$\frac{\Delta p(s)}{\Delta G_\mathrm{i}(s)} = \frac{K}{Ts + 1} \tag{3-35}$$

$$\frac{\Delta p(s)}{\Delta p_\mathrm{o}(s)} = \frac{1}{Ts + 1} \tag{3-36}$$

可见，这种压缩空气系统的机理分析模型为一个二入一出的多变量系统，两个通道模型均为典型的一阶惯性系统。只要知道该系统的特性参数（储气罐出口压力 p_o、储气罐的体积 V 和储气罐出口的流量系数 k），就能确定模型特性参数（时间常数 T 和放大系数 K）。根据式 (3-32) 和式 (3-33)，时间常数 T 与储气罐工作点压力和出口压力之差的算术二次方根 $\sqrt{p_0 - p_\mathrm{o,0}}$ 成正比，与储气罐体积 V 成正比，而与流程系数 k 成反比；放大系数 K 与储气罐工作点压力与出口压力之差的算术二次方根 $\sqrt{p_0 - p_\mathrm{o,0}}$ 成正比，与流量系数 k 成反比。

3.3 传热过程的动态特性机理分析模型

凡涉及热量转换和传递的系统都称为热力系统。热力系统的输入变量通常是工

质的流量、流速、温度、焓值以及热功率等，描述热力系统状态的主要变量是温度或焓值，热力系统主要遵循热力学、传热学规律。以下给出两个典型热力系统建模的实例的动态特性机理分析建模的过程。

1. 绝热加热过程

图 3-5 所示为一个绝热加热容器。图中，h_i、h_o 分别为流入、流出容器工质的比焓，θ_i、θ_o 分别为流入、流出容器工质的温度，G 为工质的质量流量，M 为容器内工质的质量，c_p 为工质的比热容，Q 为加热器的热功率。假设工质质量流量 G、流入工质比焓 h_i 和温度 θ_i 均保持恒定。拟建立以加热器的热功率 θ_i 为输入，以流出容器工质的温度 θ_o 为输出的动态特性模型。

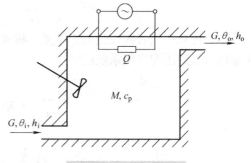

图 3-5　绝热加热过程

对绝热加热过程应用能量守恒定律，可得

$$Mc_p \frac{\mathrm{d}\theta_o}{\mathrm{d}t} = G(h_i - h_o) + Q \tag{3-37}$$

考虑工质比焓与温度之间的关系，则式（3-37）可化为

$$Mc_p \frac{\mathrm{d}\theta_o}{\mathrm{d}t} = Gc_p(\theta_i - \theta_o) + Q \tag{3-38}$$

式（3-38）可整理为

$$\frac{M}{G} \frac{\mathrm{d}\theta_o}{\mathrm{d}t} + \theta_o = \theta_i + \frac{1}{Gc_p}Q \tag{3-39}$$

若令

$$T = \frac{M}{G} \tag{3-40}$$

$$K = \frac{1}{Gc_p} \tag{3-41}$$

则式（3-39）可以表示为

$$T \frac{\mathrm{d}\theta_o}{\mathrm{d}t} + \theta_o = \theta_i + KQ \tag{3-42}$$

由式（3-42）可知，绝热加热过程的动态数学模型是一个一阶线性常系数微分方程。对该式两端分别进行 Laplace 变换，可整理得到该过程的传递函数模型为

$$\frac{\Delta\theta_o(s)}{\Delta Q(s)} = \frac{K}{Ts+1} \tag{3-43}$$

可见，这种绝热加热过程的机理分析模型为一个典型的一阶惯性系统。只要知

道该系统的特性参数（工质的质量流量 G，容器内工质的质量 M，工质的比热容 c_p），就能确定模型特性参数（时间常数 T 和放大系数 K）。根据式（3-40）和式（3-41），时间常数 T 与工质的质量 M 成正比而与质量流量 G 成反比；放大系数 K 与质量流量 G 和工质的比热容 c_p 成反比。

2. 有散热的加热过程

图 3-6 所示为一个热水供应系统。图中，h_i、h_o 分别为进水（冷水）、出水（热水）的比焓，θ_i、θ_o 分别为进水、出水的温度，G 为水的质量流量，M 为容器内水的质量，c_p 为水的比热容，Q 为加热器的热功率。假设水的质量流量 G、进水比焓 h_i 和温度 θ_i 均保持恒定，外界环境温度也为 θ_i。拟建立以加热器的热功率 Q 为输入，以流出容器工质的温度 θ_o 为输出的动态特性模型。

拟建立出水温度 θ_o 变化过程的动态数学模型。

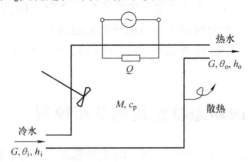

图 3-6 热水供应系统

应用能量守恒定律可得

$$Mc_p \frac{d\theta_o}{dt} = G(h_i - h_o) + Q - \frac{\theta_o - \theta_i}{R} \tag{3-44}$$

式中，R 为由水箱内壁通过外壳到周围环境的等效热阻。

考虑水的比焓与温度之间的关系，则式（3-44）可化为

$$Mc_p \frac{d\theta_o}{dt} = Gc_p(\theta_i - \theta_o) + Q - \frac{\theta_o - \theta_i}{R} \tag{3-45}$$

式（3-45）可整理为

$$\frac{Mc_p R}{Gc_p R + 1} \frac{d\theta_o}{dt} + \theta_o = \theta_i + \frac{R}{Gc_p R + 1} Q \tag{3-46}$$

若令

$$T = \frac{Mc_p R}{Gc_p R + 1} \tag{3-47}$$

$$K = \frac{R}{Gc_p R + 1} \tag{3-48}$$

则式（3-46）可以表示为

$$T\frac{\mathrm{d}\theta_\mathrm{o}}{\mathrm{d}t} + \theta_\mathrm{o} = \theta_\mathrm{i} + KQ \tag{3-49}$$

由式（3-49）可知，热水供应系统的动态数学模型是一个一阶线性常系数微分方程。对该式两端分别进行 Laplace 变换，可整理得到该过程的传递函数模型为

$$\frac{\Delta\theta_\mathrm{o}(s)}{\Delta Q(s)} = \frac{K}{Ts + 1} \tag{3-50}$$

可见，这种绝热加热过程的机理分析模型为一个典型的一阶惯性系统。只要知道该系统的特性参数（工质的质量流量 G，容器内工质的质量 M，工质的比热容 c_p），就能确定模型特性参数（时间常数 T 和放大系数 K）。根据式（3-47）和式（3-48），时间常数 T 与容器内水的质量、水的比热容、水箱内壁通过外壳到周围环境的等效热阻三者乘积 $Mc_\mathrm{p}R$ 成正比，而与水的质量流量、水的比热容、水箱内壁通过外壳到周围环境的等效热阻三者乘积与 1 之和（$Gc_\mathrm{p}R + 1$）成反比；放大系数 K 与水箱内壁通过外壳到周围环境的等效热阻 R 成正比，而与水的质量流量、水的比热容、水箱内壁通过外壳到周围环境的等效热阻三者乘积与 1 之和（$Gc_\mathrm{p}R + 1$）成反比。

3.4　电气过程的动态特性机理分析模型

凡涉及电的生产、传输、变换和利用的系统都称为电气系统。电气系统的应用非常广泛，既包括强电的电力系统，也包括弱电的电子系统。电气系统的输入变量通常是电压，描述电气系统状态的主要变量是电压、电流等，电气系统主要遵循各种电气科学规律，如 Kirchhoff 定律、Ohm 定律等。以下给出两个典型电气系统的动态特性机理分析建模的过程。

1. RLC 电路

RLC 电路是电气系统中常见的一种电路，由最简单的电路元件——电阻、电感和电容构成，如图 3-7 所示。图中，R 为电阻，L 为电感，C 为电容，$u_\mathrm{i}(t)$ 为输入电压，$u_\mathrm{o}(t)$ 为输出电压，i 为电流。拟建立输出电压 $u_\mathrm{o}(t)$ 变化的动态数学模型。

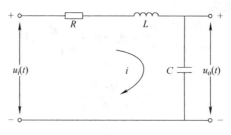

图 3-7　RLC 电路

根据 Kirchhoff 定律，有

$$L \frac{\mathrm{d}i}{\mathrm{d}t} + Ri + \frac{1}{C} \int i \mathrm{d}t = u_\mathrm{i}(t) \qquad (3\text{-}51)$$

由电容的定义式，$u_\mathrm{o}(t) = \frac{1}{C} \int i \mathrm{d}t$，将其求导后得

$$i = C \frac{\mathrm{d}u_\mathrm{o}(t)}{\mathrm{d}t} \qquad (3\text{-}52)$$

将式（3-52）代入式（3-51）并整理后得

$$LC \frac{\mathrm{d}^2 u_\mathrm{o}(t)}{\mathrm{d}t^2} + RC \frac{\mathrm{d}u_\mathrm{o}(t)}{\mathrm{d}t} + u_\mathrm{o}(t) = u_\mathrm{i}(t) \qquad (3\text{-}53)$$

若令

$$T = \sqrt{LC} \qquad (3\text{-}54)$$

$$\zeta = \frac{R}{2} \sqrt{\frac{C}{L}} \qquad (3\text{-}55)$$

则式（3-53）可写成标准形式的二阶线性常系数微分方程如下：

$$T^2 \frac{\mathrm{d}^2 u_\mathrm{o}(t)}{\mathrm{d}t^2} + 2\zeta T \frac{\mathrm{d}u_\mathrm{o}(t)}{\mathrm{d}t} + u_\mathrm{o}(t) = u_\mathrm{i}(t) \qquad (3\text{-}56)$$

由式（3-54）可知，RLC 电路的数学模型是一个二阶线性常系数微分方程。对式（3-54）两端分别进行 Laplace 变换，可整理得到 RLC 电路的传递函数模型为

$$G(s) = \frac{U_\mathrm{o}(s)}{U_\mathrm{i}(s)} = \frac{1}{T^2 s^2 + 2\zeta Ts + 1} \qquad (3\text{-}57)$$

可见，这种 RLC 电路的机理分析模型为一个典型的二阶系统。只要知道该系统的特性参数（电阻 R、电感 L、电容 C），就能确定模型特性参数（时间常数 T 和阻尼比 ζ）。根据式（3-54）和式（3-55），时间常数 T 与电感的算术二次方根 $\sqrt{L}$ 和电容的算术二次方根 $\sqrt{C}$ 成正比；阻尼比 ζ 与电阻 R、电容的算术二次方根 $\sqrt{C}$ 成正比，而与电感的算术二次方根 $\sqrt{L}$ 成反比。

2. 运算放大器电路（电子过程）

运算放大器电路是一种常见的电子电路。图 3-8 所示为一个典型的反相运算放大器电路。图中，R_1 和 R_2 为电阻，C 为电容，$u_\mathrm{i}(t)$ 为输入电压，$u_\mathrm{o}(t)$ 为输出电压。拟建立输出电压 $u_\mathrm{o}(t)$ 变化的动态数学模型。

运算放大器建模的要点是由于高放大倍数，运算放大器的反相输入端电位与正相输入端电位几乎相等；由于高输入阻抗，运算放大器的反相输入电流几乎为零。因此，可用复阻抗分析法求得输出电压 $u_\mathrm{o}(t)$ 对输入电压 $u_\mathrm{i}(t)$ 的传递函数为

$$G(s) = \frac{U_\mathrm{o}(s)}{U_\mathrm{i}(s)} = -\frac{Z_2(s)}{Z_1(s)} = \frac{R_2 /\!/ \dfrac{1}{Cs}}{R_1} = -\frac{\dfrac{R_2}{R_2 Cs + 1}}{R_1} = \frac{-\dfrac{R_2}{R_1}}{R_2 Cs + 1} \qquad (3\text{-}58)$$

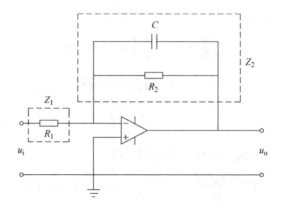

图 3-8　反相运算放大器电路

式中，Z_1 为 R_1 的复阻抗；Z_2 为 R_2 和 C 的复阻抗的并联阻抗。可以看到，该运算放大器电路的传递函数是一阶的。

若令

$$T = R_2 C \tag{3-59}$$

$$K = -\frac{R_2}{R_1} \tag{3-60}$$

则式（3-58）可写成

$$G(s) = \frac{U_o(s)}{U_i(s)} = \frac{K}{Ts + 1} \tag{3-61}$$

可见，这种运算放大器的机理分析模型为一个典型的一阶惯性系统。只要知道该系统的特性参数（电阻 R_1 和 R_2、电容 C），就能确定模型特性参数（时间常数 T 和放大系数 K）。根据式（3-59）和式（3-60），时间常数 T 与电阻 R_2 和电容 C 成正比；放大系数 K 与电阻 R_1 和 R_2 的比值成正比。

3.5　化学反应过程的动态特性机理分析模型

凡涉及化学反应的系统都称为化学系统。化学系统的应用非常广泛，如火电厂中用于净化烟气的脱硫、脱硝系统，污水处理厂中的污水处理系统等。化学系统的输入变量通常是反应物的流量、浓度、温度等；化学系统的输出变量主要是组分浓度、温度等；化学系统主要遵循化学热力学、化学动力学等相关规律，如 Hess 定律、Arrhenius 定律等。下面给出一个连续搅拌釜反应器（Continuous Stirred Tank Reactor，CSTR）的动态特性机理分析建模过程。

图 3-9 所示为一个进行液相不可逆反应的 CSTR[163]。进入 CSTR 的是带有分子浓度 $c_{A,in}$ 的纯物质 A。在 CSTR 中，物质 A 反应生成物质 B，该反应可以写成 A→B。冷却蛇形管用来带走放热反应所释放的热量，从而保持反应所需的温度。

拟建立该 CSTR 的动态数学模型。

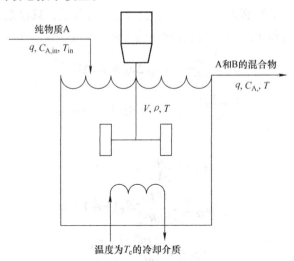

纯物质A
$q, C_{A,in}, T_{in}$

A和B的混合物
q, C_A, T

V, ρ, T

温度为T_c的冷却介质

图 3-9　连续搅拌釜反应器

根据该反应过程的特点，引入以下简化假设：

1）反应器内的反应物和生成物完全混合。

2）进料流和产品流的质量密度相等，并且为常数，用 ρ 表示。

3）反应器液体体积 V 依靠溢流管而保持常数。

在上述简化假设下，可建立 CSTR 中组分 A 的物料平衡方程如下：

$$V\frac{dc_A}{dt} = q(c_{A,in} - c_A) - Vr \qquad (3-62)$$

式中，q 为体积流量；r 为单位体积下 A 的反应速率。

进而，对 CSTR 应用能量守恒定律，可得

$$V\rho C\frac{dT}{dt} = wC(T_{in} - T) + (-\Delta H)Vr - UA(T - T_c) \qquad (3-63)$$

式中，C 为比热容；w 为质量流量；ΔH 为化学反应的反应焓；U 为换热系数；A 为换热面积；T_c 为冷却剂温度。

假设反应速率可以建模为组分 A 浓度的一次关系式

$$r = kc_A \qquad (3-64)$$

式中，k 为反应速率常数；c_A 为 A 的分子浓度。反应速率常数 k 由 Arrhenius 关系式给出

$$k = k^0\exp\left(-\frac{E}{RT}\right) \qquad (3-65)$$

式中，k^0 为指数前因子，E 为该反应的活化能，R 为通用气体常数。

式（3-45）~式（3-48）构成了 CSTR 的动态数学模型。这是一组二维非线

性微分方程组。要得到输入变量和输出变量之间的传递函数，还需对其做线性化处理。假设流量（q、w）和入口条件（$c_{A,in}$、T_{in}）为常数，只存在一个输入变量 T_c 及两个输出变量 c_A 和 T，可得到线性化后的方程组如下：

$$\frac{d(\Delta c_A)}{dt} = a_{11}\Delta c_A + a_{12}\Delta T \tag{3-66}$$

$$\frac{d(\Delta T)}{dt} = a_{21}\Delta c_A + a_{22}\Delta T + b_2\Delta T_c \tag{3-67}$$

式中

$$a_{11} = -\frac{q}{V} - k^0 e^{\left(-\frac{E}{RT_0}\right)} \tag{3-68}$$

$$a_{12} = -\frac{k^0 E c_{A,0}}{RT_0^2} e^{\left(-\frac{E}{RT_0}\right)} \tag{3-69}$$

$$a_{21} = -\frac{\Delta H k^0}{\rho C} e^{\left(-\frac{E}{RT_0}\right)} \tag{3-70}$$

$$a_{22} = -\frac{1}{V\rho C}\left[(wC + UA) + \frac{\Delta H k^0 E c_{A,0} V}{RT_0^2} e^{\left(-\frac{E}{RT_0}\right)}\right] \tag{3-71}$$

$$b_2 = \frac{UA}{V\rho C} \tag{3-72}$$

下角标 0 代表线性化的工作点。

由式（3-66）和式（3-67），利用 Laplace 变换，可求得以 $\Delta T_c(s)$ 为输入，以 $\Delta c_A(s)$ 和 $\Delta T(s)$ 为输出的两个传递函数

$$\frac{\Delta c_A(s)}{\Delta T_c(s)} = \frac{a_{12}b_2}{s^2 - (a_{11} + a_{22})s + a_{11}a_{22} - a_{12}a_{21}} \tag{3-73}$$

$$\frac{\Delta T(s)}{\Delta T_c(s)} = \frac{b_2(s - a_{11})}{s^2 - (a_{11} + a_{22})s + a_{11}a_{22} - a_{12}a_{21}} \tag{3-74}$$

可以看到，这两个传递函数都是二阶的。

可见，这种 CSTR 系统的机理分析模型为一个一入二出的多变量系统，两个通道模型均为二阶系统。只要知道该系统的特性参数（比热容 C、质量流量 w、化学反应的反应焓 ΔH、换热系数 U、换热面积 A、指前因子 k^0、活化能 E、通用气体常数 R），就能根据式（3-68）和式（3-72）确定模型特性参数（a_{11}、a_{12}、a_{21}、a_{22} 和 b_2）。

3.6　混合系统的动态特性机理分析模型

现实中的许多系统往往包含几种不同类型的物理化学过程，这里将此类系统称为混合系统。以下给出两个混合系统的动态特性机理分析建模过程。

1. 磁场控制式直流电动机系统

直流电动机是一种常见的执行机构，具有适用面广、运行费用低、维护方便等
优点，广泛应用于各种工业过程、机器
人系统中。直流电动机主要涉及电、磁、
机械等物理过程。根据电动机转速控制
方式的不同，直流电动机系统通常分为
磁场控制式和电枢控制式两种。磁场控
制式直流电动机系统的构成如图 3-10
所示。

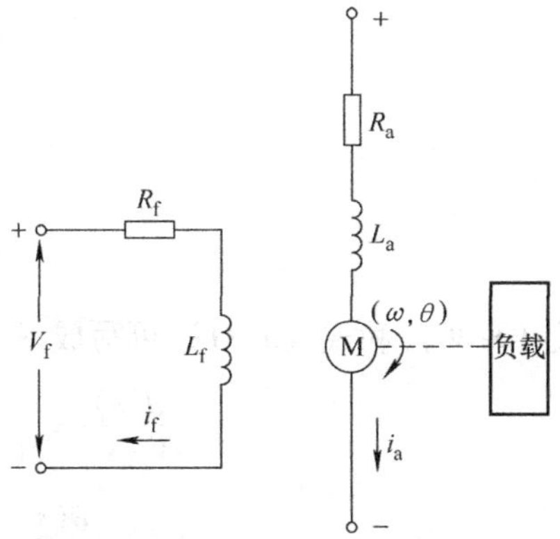

当励磁磁场非饱和时，气隙磁通与
励磁电流成正比，因此有

$$\phi = K_f i_f \qquad (3-75)$$

式中，ϕ 为气隙磁通；K_f 为比例系数；i_f
为励磁电流。

图 3-10　磁场控制式直流电动机系统的构成

电动机的扭矩与气隙磁通和电枢电流间存在以下线性关系：

$$T_m = K_1 \phi i_a(t) = K_1 K_f i_f(t) i_a(t) \qquad (3-76)$$

式中，T_m 为直流电动机的扭矩；i_a 为电枢电流。对磁场控制式直流电动机而言，
电枢电流保持恒定，因此式（3-76）化为

$$T_m = K_1 K_f i_a i_f(t) = K_m i_f(t) \qquad (3-77)$$

式中，K_m 称为电动机常数。

对励磁电路应用 Kirchhoff 定律可得

$$V_f = i_f R_f + L_f \frac{di_f}{dt} \qquad (3-78)$$

式中，V_f 为磁场电压；R_f 为励磁电阻；L_f 为励磁电感。

对电动机电枢应用牛顿第二定律有

$$T_m - T_d - f\frac{d\theta}{dt} = J\frac{d^2\theta}{dt^2} \qquad (3-79)$$

式中，T_d 为扰动扭矩；f 为阻力系数；θ 为旋转角度；J 为转动惯量。

式（3-77）～式（3-79）即构成磁场控制式直流电动机系统的数学模型，这
是一个线性模型。对式（3-77）～式（3-79）做 Laplace 变换，消去中间变量后，
可得到磁场控制直流电动机系统的传递函数模型如下：

$$\frac{\theta(s)}{V_f(s)} = \frac{K_m/(JL_f)}{s(s+f/J)(s+R_f/L_f)} \qquad (3-80)$$

$$\frac{\theta(s)}{T_d(s)} = \frac{-1/J}{s(s+f/J)} \qquad (3-81)$$

若令

$$K_1 = \frac{K_m}{fR_f} \tag{3-82}$$

$$K_2 = \frac{1}{f} \tag{3-83}$$

$$T_1 = \frac{J}{f} \tag{3-84}$$

$$T_2 = \frac{L_f}{R_f} \tag{3-85}$$

则式（3-80）和式（3-81）可写成

$$\frac{\theta(s)}{V_f(s)} = \frac{K_1}{s(T_1 s + 1)(T_2 s + 1)} \tag{3-86}$$

$$\frac{\theta(s)}{T_d(s)} = \frac{-K_2}{s(T_1 s + 1)} \tag{3-87}$$

可见，这种磁场控制式直流电动机系统的机理分析模型为一个二入一出的多变量系统，两个通道模型均为积分惯性系统。只要知道该系统的特性参数（励磁电阻 R_f、励磁电感 L_f、阻力系数 f、转动惯量 J、电动机常数 K_m），就能确定模型特性参数（时间常数 T_1 和 T_2 及放大系数 K_1 和 K_2）。

2. 液压执行机构 – 重块系统

尽管存在辅助设备复杂、容易出现泄漏等缺点，但因具有出力大、速度快、精度高的突出优点，液压执行机构在各种工业过程、机器人系统中得到广泛的应用。液压执行机构主要涉及流体、机械等物理过程。图 3-11 所示为液压执行机构驱动重块做直线运动的系统[164]，该系统的输入为控制阀的位移 x，输出为活塞和重块的位移 y。从图 3-11 中可以看到，当控制阀向右移动（$x > 0$）时，高压油流入活塞右侧的腔室，驱动活塞和重块向左移动（$y > 0$），反之亦反。

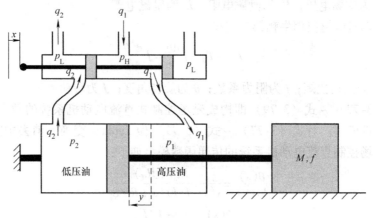

图 3-11　液压执行机构 – 重块系统

假定通过控制阀孔的流量与控制阀位移 x 成正比，并应用流体力学定律，可得到通过右侧和左侧控制阀孔的体积流量为

$$q_1 = k_1 (p_H - p_1)^{\frac{1}{2}} x \tag{3-88}$$

$$q_2 = k_2 (p_2 - p_L)^{\frac{1}{2}} x \tag{3-89}$$

式中，k_1、k_2 为控制阀孔的流量系数，通常二者相等，即有 $k_1 = k_2 = k$。

由连续性关系得

$$A \frac{\mathrm{d}y}{\mathrm{d}t} = q_1 = q_2 \tag{3-90}$$

式中，A 为活塞的截面积。

对活塞和重块应用牛顿第二定律得

$$A(p_1 - p_2) - f \frac{\mathrm{d}y}{\mathrm{d}t} = M \frac{\mathrm{d}^2 y}{\mathrm{d}t^2} \tag{3-91}$$

式中，f 为摩擦系数；M 为活塞、连杆和重块的总质量。

由式（3-88）和式（3-90）可得

$$p_1 = p_H - \left(\frac{A}{kx} \frac{\mathrm{d}y}{\mathrm{d}t} \right)^2 \tag{3-92}$$

类似的，由式（3-89）和式（3-91）可得

$$p_2 = p_L + \left(\frac{A}{kx} \frac{\mathrm{d}y}{\mathrm{d}t} \right)^2 \tag{3-93}$$

用式（3-92）减去式（3-93），可得

$$p_1 - p_2 = p_H - p_L - 2 \left(\frac{A}{kx} \frac{\mathrm{d}y}{\mathrm{d}t} \right)^2 \tag{3-94}$$

将式（3-94）代入式（3-91），可得液压执行机构 - 重块系统的运动方程如下：

$$M \frac{\mathrm{d}^2 y}{\mathrm{d}t^2} + \frac{2A^3}{k^2} \frac{1}{x^2} \left(\frac{\mathrm{d}y}{\mathrm{d}t} \right)^2 + f \frac{\mathrm{d}y}{\mathrm{d}t} + A(p_L - p_H) = 0 \tag{3-95}$$

式（3-95）是一个二阶非线性微分方程，其非线性特性是由式（3-88）和式（3-89）这两个非线性关系式所造成的。对式（3-88）做线性化处理后，可得到二阶线性微分方程如下：

$$T \frac{\mathrm{d}^2 (\Delta y)}{\mathrm{d}t^2} + \frac{\mathrm{d}(\Delta y)}{\mathrm{d}t} = K \Delta x \tag{3-96}$$

式中

$$T = \frac{Mkx_0}{fkx_0 + 4A^2 (p_H - p_{1,0})^{\frac{1}{2}}} \tag{3-97}$$

$$K = \frac{4kA(p_H - p_{1,0})}{fkx_0 + 4A^2 (p_H - p_{1,0})^{\frac{1}{2}}} \tag{3-98}$$

下角标 0 代表线性化的工作点。

对式（3-96）做 Laplace 变换，可得到液压执行机构－重块系统的传递函数为

$$\frac{\Delta y(s)}{\Delta x(s)} = \frac{K}{s(Ts+1)} \tag{3-99}$$

需要强调的是，仅当该系统在工作点附近小范围变化时，式（3-96）和式（3-99）所示的线性模型才是有效的。

可见，这种液压执行机构－重块系统的机理分析模型为一个典型的积分惯性系统。只要知道该系统的特性参数（活塞的截面积 A、摩擦系数 f、活塞、连杆和重块的总质量 M、控制阀孔的流量系数 k），就能确定模型特性参数（时间常数 T 和放大系数 K）。根据式（3-97）和式（3-98），时间常数 T 与总质量 M 成正比而与活塞的截面积 A 和摩擦系数 f 成反比；放大系数 K 与摩擦系数 f 和活塞的截面积 A 总质量 M 成反比。

第4章

融入机理分析建模的多变量过程辨识

在1.8节、2.6节和2.7节中讨论过用机理分析方法确定多变量过程模型结构的问题，但是都不够深入。既然讨论结果是用机理法分析方法比用实验数据挖掘类方法更为可靠和实用，那么就很有必要更进一步地完善确定多变量过程模型结构的机理分析方法。

第3章给出的基于机理分析的多变量过程建模理论还是比较粗浅的，只给出了五类具有单一工作机理的典型系统和具有多工作机理的两种混合系统的机理建模理论。显然，应对实际的多种多类的系统建模需求是远远不够的。但是，第3章的内容已能揭示一些有用的线索和规律。据此，可提出融入机理分析建模的多变量过程辨识方法。这种方法可以简单地说是先进行粗略的机理建模再进行细致的过程辨识的方法。在融入机理分析建模的多变量过程辨识过程中，机理分析建模的目标是粗略地确定模型总体架构，确定子模型结构，确定子子模型结构，确定子子模型的参数域；而过程辨识的目标是力求准确地优化计算模型的各个参数。因此，本章的主要论题就是讨论如何用机理法分析方法确定多变量过程模型的总体架构、多变量过程模型子模型的结构、多变量过程模型子子模型的结构及多变量过程模型子子模型的参数域。

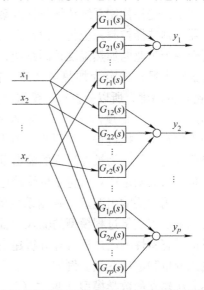

由于一个多变量过程模型可分解为图4-1所示的由 p 个子模型组成的模型。每个子模型中由 r 个子子模型组成，总共有 $r \times p$ 个子子模型。多变量过程模型的总体架构是由 r 个输入和 p 个输出所框定的。所以以多

图4-1　多变量过程模型的子模型分解

变量过程模型的总体架构问题等价于多变量过程模型的输入变量和输出变量的确定

问题。由于多变量过程模型是由若干个子模型组成的，所以确定多变量过程模型的总体架构的问题可转化为依次确定多变量过程模型的子模型架构的问题。由于用机理分析法可以建立子模型的具体数学模型，也就确定了子模型架构和相应子子模型的结构及参数，所以确定多变量过程模型的子模型的结构、多变量过程模型子子模型的结构及多变量过程模型子子模型的参数域的问题都可通过机理分析法建模的途径来解决。

4.1　用机理分析方法确定多变量过程模型总体架构

如前所述多变量过程模型的总体架构问题等价于多变量过程模型的输入变量和输出变量的确定问题。一个多变量过程模型可由若干个子模型组成，若依次确定了某多变量过程模型的各个子模型的架构，即各子模型的输入变量和输出变量，则总的模型架构的问题也就解决了。

对于确定多变量过程模型的输入变量和输出变量的问题，一般可用两种工作机理的分析方法来解决。一种是用经实践证明有效的实际控制系统工作机理分析方法；另一种是用主要输出变量（控制系统的被控量）动态特性响应过程机理分析建模方法。

若用经实践证明有效的实际控制系统工作机理分析方法来确定多变量过程模型的输入变量和输出变量，则可根据实际控制系统传统设计方案来确定多变量过程模型的输入变量和输出变量。一般而言，选择控制系统传统设计方案中的被控量为输出变量；选择控制系统传统设计方案中的控制量为被控过程的输入量；若有前馈控制器，则选择控制系统传统设计方案中的可测扰动量为被控过程的输入量。例如，对于一个工业电加热温度控制系统，传统的控制系统设计方案是控制量（被控过程的输入量）选定为加热电功率，被控量（被控过程的输出量）选定为加热炉（箱）内温度；所以受控过程模型的输入变量就可选定为电功率，而输出变量就选为炉（箱）内温度。这是一个输入量和一个输出量的过程模型。再例如，对于锅炉汽包水位受控过程，参照成熟的传统控制系统设计方案，三冲量水位自动调节系统可选定水位量为被控过程的输出量，可选定给水流量和蒸汽流量为被控过程的输入量，从而确定锅炉汽包水位受控过程为两个输入量和一个输出量的过程。

若用主要输出变量（控制系统的被控量）动态特性响应过程机理分析建模方法来确定多变量过程模型的输入变量和输出变量，则可根据被控过程的主要输出变量的动态特性响应过程机理分析建模方法建立的具体模型来确定多变量过程模型的输入变量和输出变量。例如，对于3.3节中给出的热水供应系统，可用机理分析建模方法建立的数学模型［见式（3-50）］来确定热水过程型的输入变量和输出变量，显然，可选加热功率为输入，出水温度为输出。再例如，对于3.2节给出的压缩空气系统，可根据所建立的储气罐压力动态模型［见式（3-35）和式（3-36）］

来确定该过程的输入变量和输出变量,可选输入变量为储气罐出口压力和储气罐进口流量,选输出变量为储气罐压力,该过程为一个两输入一输出的系统。

4.2　用机理分析建模方法确定多变量过程模型的子模型结构

第 3 章给出了若干个用机理分析的方法建立过程数学模型案例。可以看出所建模型依据的是公认的科学定律和严谨的数学推导以及合理的模型简化。可以认为,机理分析建模的模型是有理有据的,是可信度较高的模型,特别是与只依据实验数据和单纯辨识方法所建立的模型相比。对于每一个过程输出变量的动态变化过程都可用机理分析法来建立模型。其结果可能只有一个过程输入量,对应的就是单变量过程模型;也可能具有两个或两个以上的过程输入量,那就对应于多变量过程模型。如果对于一个具有多个输出变量的复杂动态过程建模,则可以依次对每个过程输出变量的动态变化过程用机理分析法来建立模型,然后再综合成一个完整的具有多入多出的多变量过程模型。因此,用机理分析法建立的多变量过程模型的各子模型的结构是确定的,也就是说,每个过程输入对每个过程输出的单入单出通道模型结构是确定的。由此可见,用机理分析建模方法确定多变量过程模型的子模型结构,乃至确定每个过程输入对每个过程输出的单入单出通道模型结构是合理且完全可行的。

以 3.6 节所述的磁场控制式直流电动机系统为例。已知其机理分析模型为式(3-86)和式(3-87),所以可确定该过程可用两入一出的模型表述,其具体的模型结构可按式(3-86)和式(3-87)所示的模型来确定。

实际上,辨识计算前所需要确定的模型结构和所建的机理分析模型结构之间常常是不能完全匹配的。所以,根据实际情况做一些变换和处理是需要的。例如,对于常见的换热过程,已有建立好的机理分析模型,见参考文献[173]。其过程输出量为换热器的工质出口焓,过程输入量为换热器的工质入口焓、工质流量和吸热流量。而实际过程可量测到的变量却是换热器的工质出口温度、换热器的工质入口温度、工质流量和热量控制挡板开度。所以,必须考虑实际量测变量和对应的理论模型变量之间的变换关系。如果是简单比例关系,则可以直接用机理分析模型结构设定为做被辨识模型的结构。如果是有附加的动态特性影响的,则不能直接确定被辨识模型的结构。例如,虽然焓和温度有简单比例关系,但是温度的测量要通过传感器,有一定的惯性特性存在,所以有必要考虑将传感器的惯性模型加入到对应的过程模型结构中。

4.3 用机理分析方法确定的多变量过程模型的子模型参数域

从第 3 章基于机理分析建立的五类具有单一工作机理的典型系统和具有多工作机理的两种混合系统的模型来看,其模型参数都与具体过程的特性参数相关联,而且这些与同类模型参数相对应的过程特性参数都有相似的物理意义。在此不妨将对应于过程模型时间常数的过程特性参数的关系式归纳如下:

1) 由弹簧 – 重块 – 阻尼器组成的机械位移系统:$T = \sqrt{\dfrac{m}{k}}$;

2) 机械转动系统:$T = \dfrac{J}{f}$;

3) 单容液位系统:$T = \dfrac{\rho A}{k}$;

4) 压缩空气系统:$T = \dfrac{2V \dfrac{d\rho}{dp} \sqrt{p_0 - p_{o,0}}}{k}$;

5) 绝热加热过程:$T = \dfrac{M}{G}$;

6) 热水供应系统:$T = \dfrac{Mc_p R}{Gc_p R + 1}$;

7) RLC 电路:$T = \sqrt{LC}$;

8) 运算放大器电路:$T = R_2 C$;

9) 液压执行机构 – 重块系统:$T = \dfrac{k^2 M x_0^2}{4A^3 \left(\dfrac{dy}{dt}\right)_0 + fk^2 M x_0^2}$。

从这些关系式可以看出过程模型时间常数 T 主要与过程容量特性参数成正比。例如,机械系统的质量 m 或惯量 J;液力系统的容器截面积 A;气体系统的容器容积 V;RLC 电路的电容 C 和电感 L;运算放大器的电容 C;液压执行机构 – 重块系统的重块质量 M。只要知道了过程容量特性参数和相关参数,利用这些关系式就可以计算出过程模型时间常数 T 的数值。即使不能准确知道这些关系式中的过程特性参数,也可以通过相似案例的数据做出一个参数最大值和最小值的估计,从而利用这些关系式计算出模型参数的参数域估计,从而为模型辨识计算做好准备。

4.4 融合机理分析建模的多变量过程模型辨识流程

融合机理分析建模的多变量过程模型辨识流程如图 4-2 所示。由图 4-2 可见,有无融合机理分析建模部分的多变量过程模型辨识流程差异在于：在进行多变量过程模型的 MUNEAIO 法（基于 M 批不相关自然激励和汇总智能优化法，详见第 5 章）辨识计算之前，确定多变量过程模型的框架（输出变量和输入变量）、确定多变量过程模型子子模型的结构和确定多变量过程模型子子模型参数的优化域是否依据机理分析模型。若不依据多变量过程的机理分析模型来确定，则一般是由人凭个人经验来确定。事实上，挑选 M 批自然激励响应数据前，还有采集多于 M 批的过程运行数据的步骤。而采集每一批过程运行数据时，已确定被辨识过程的输入变量和输出变量，也就是已确定多变量过程模型的框架。确定多变量过程模型的框架的途径，一是应用已建机理分析模型的结果，二是由人凭个人经验。

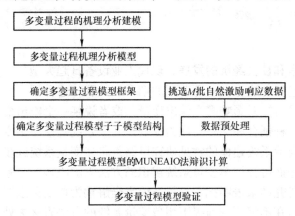

图 4-2　融合机理分析建模的多变量过程模型辨识流程

第 5 章

基于 M 批不相关自然激励和汇总智能优化的多变量过程辨识理论

随着科学技术和社会经济的发展，现代工业设备日趋大型化、复杂化。由众多环节组成的生产过程普遍存在着环节间的耦合和关联，这种耦合和关联表现为系统的某一个输入变量会同时影响多个输出变量，或者说某一个输出变量将受到多个输入变量的影响。这种耦合和关联已成为影响多变量系统建模与多变量系统控制的关键困难因素。多变量系统建模的常见研究思路是将多变量系统逐步分解成多个单输入单输出系统，进而可套用单变量系统辨识的方法去解决多变量系统辨识问题。遗憾的是，多年的研究结果表明把多变量系统完全解耦为单变量系统在实际中是几乎不可能完成的，而在不解耦的前提下用单变量系统的方法直接去处理多变量系统辨识问题所得到的辨识模型明显都是不准确的。所以多变量系统辨识的问题还是应当直接面对，应该用多变量的办法解决多变量的问题。以下提出一种完全可工程应用的多变量系统辨识新方法，此方法的核心依据是 2.4 节给出的多变量过程辨识需满足 M 批次不相关激励条件。

5.1 基于 M 批不相关自然激励和汇总优化的多变量过程辨识理论概述

这里提出一种新的多变量过程辨识方法，该方法首先对有 M 维输入的多变量过程辨识选用至少 M 批次自然激励响应数据，且尽量满足其各批次的激励信号向量不相关，其次把采集到的过程输入输出数据经过预处理后汇总到一起作为辨识用数据，然后采用汇总优化指标，用智能优化算法进行辨识多变量过程模型的辨识计算。不妨把这种方法称为基于 M 批不相关自然激励和汇总智能优化的多变量过程系统辨识方法，其 M 批不相关自然激励和汇总智能优化的英文为 "M‐batch Uncorrelated Natural Excitation and Assembly Intelligent Optimization"，取其缩写为 MUNEAIO。以下将把基于 M 次不相关自然激励和汇总智能优化的多变量过程辨识方法简称为多变量过程辨识的 MUNEAIO 方法。

5.1.1 多变量过程模型的传递函数矩阵表达

多变量系统可用多种数学模型来表示，以往以离散时间形式表达的数学模型为多，现在以连续时间形式表达的也渐渐多起来。考虑到连续时间模型，尤其是传递函数模型更为通用，特别适用于工程应用推广，这里选用连续时间的传递函数矩阵模型作为讨论多变量过程辨识新方法的基本模型。

对于图 5-1 所示的多变量过程，假定该多变量过程的输入量为 M 维，并定义输入向量为 $U(s) = [\, U_1(s) \quad U_2(s) \quad \cdots \quad U_M(s)\,]^{\mathrm{T}}$，$U_i(s)(i = 1,\ 2,\ \cdots,\ M)$ 是过程的第 i 个输入。假定该多变量过程的输出量为 Q 维，定义输出向量为 $Y(s) = [\, Y_1(s) \quad Y_2(s) \quad \cdots \quad Y_Q(s)\,]^{\mathrm{T}}$，$Y_j(s)(j = 1,\ 2,\ \cdots,\ Q)$ 是过程的第 j 个输出。所定义的多变量过程的输入输出关系见式（5-1）。

$$Y(s) = G(s)U(s) \tag{5-1}$$

式（5-1）中，$G(s)$ 为多变量过程的传递函数矩阵，展开如式（5-2）所示。

$$G(s) = \begin{bmatrix} G_{11}(s) & G_{12}(s) & \cdots & G_{1M}(s) \\ G_{21}(s) & G_{22}(s) & \cdots & G_{2M}(s) \\ \vdots & \vdots & & \vdots \\ G_{Q1}(s) & G_{Q2}(s) & \cdots & G_{QM}(s) \end{bmatrix}$$

$$\tag{5-2}$$

对图 5-1 所示的多变量过程进行模型辨识的任务就是确定传递函数矩阵 $G(s)$。

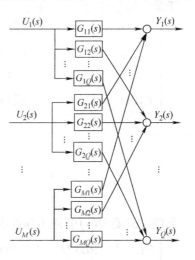

图 5-1 多变量过程模型的传递函数矩阵示意图

5.1.2 多变量过程模型辨识的 M 批不相关激励

对于图 5-1 所示的多变量过程，过程模型 $G(s)$ 为传递函数矩阵，共有 $M \times Q$ 个传递函数元素 $G_{ij}(s)$ 需要辩识。为了实现对过程模型的准确辨识，在 2.4 节中已证明需要有 M 批次的输入激励。假设第 k 批输入向量为

$$U^k(s) = [\, U_1^k(s) \quad U_2^k(s) \quad \cdots \quad U_M^k(s)\,]^{\mathrm{T}} \tag{5-3}$$

则 M 批次的输入激励可用输入向量阵表示为

$$\overline{U}(s) = [\, U^1(s) \quad U^2(s) \quad \cdots \quad U^M(s)\,] = \begin{bmatrix} U_1^1(s) & U_1^2(s) & \cdots & U_1^M(s) \\ U_2^1(s) & U_2^2(s) & \cdots & U_2^M(s) \\ \vdots & \vdots & \cdots & \vdots \\ U_M^1(s) & U_M^2(s) & \cdots & U_M^M(s) \end{bmatrix}$$

$$\tag{5-4}$$

根据式（5-1），有

$$
Y^1(s) = \begin{bmatrix} Y_1^1(s) \\ Y_2^1(s) \\ \vdots \\ Y_Q^1(s) \end{bmatrix} = \begin{bmatrix} G_{11}(s) & G_{12}(s) & \cdots & G_{1M}(s) \\ G_{21}(s) & G_{22}(s) & \cdots & G_{2M}(s) \\ \vdots & \vdots & \cdots & \vdots \\ G_{Q1}(s) & G_{Q2}(s) & \cdots & G_{QM}(s) \end{bmatrix} \begin{bmatrix} U_1^1(s) \\ U_2^1(s) \\ \vdots \\ U_M^1(s) \end{bmatrix} \tag{5-5}
$$

则对应的$\{Y^k(s)，k=2，3，\cdots，M\}$的表达式可以仿照式（5-5）依次写出。将这些表达式连同式（5-5）归纳在一起，可用以下定义的输出向量阵表达：

$$
\overline{Y}(s) = \begin{bmatrix} Y^1(s) & Y^2(s) & \cdots & Y^M(s) \end{bmatrix} = \begin{bmatrix} Y_1^1(s) & Y_1^2(s) & \cdots & Y_1^M(s) \\ Y_2^1(s) & Y_2^2(s) & \cdots & Y_2^M(s) \\ \vdots & \vdots & \cdots & \vdots \\ Y_Q^1(s) & Y_Q^2(s) & \cdots & Y_Q^M(s) \end{bmatrix} \tag{5-6}
$$

于是，可整理为

$$
\begin{bmatrix} Y_1^1(s) & Y_1^2(s) & \cdots & Y_1^M(s) \\ Y_2^1(s) & Y_2^2(s) & \cdots & Y_2^M(s) \\ \vdots & \vdots & \cdots & \vdots \\ Y_Q^1(s) & Y_Q^2(s) & \cdots & Y_Q^M(s) \end{bmatrix} = \begin{bmatrix} G_{11}(s) & G_{12}(s) & \cdots & G_{1M}(s) \\ G_{21}(s) & G_{22}(s) & \cdots & G_{2M}(s) \\ \vdots & \vdots & \cdots & \vdots \\ G_{Q1}(s) & G_{Q2}(s) & \cdots & G_{QM}(s) \end{bmatrix} \times
$$

$$
\begin{bmatrix} U_1^1(s) & U_1^2(s) & \cdots & U_1^M(s) \\ U_2^1(s) & U_2^2(s) & \cdots & U_2^M(s) \\ \vdots & \vdots & \cdots & \vdots \\ U_M^1(s) & U_M^2(s) & \cdots & U_M^M(s) \end{bmatrix} \tag{5-7}
$$

显然，只要$\overline{U}(s)$的逆矩阵可求，则有

$$
\begin{bmatrix} G_{11}(s) & G_{12}(s) & \cdots & G_{1M}(s) \\ G_{21}(s) & G_{22}(s) & \cdots & G_{2M}(s) \\ \vdots & \vdots & \cdots & \vdots \\ G_{Q1}(s) & G_{Q2}(s) & \cdots & G_{QM}(s) \end{bmatrix} = \begin{bmatrix} Y_1^1(s) & Y_1^2(s) & \cdots & Y_1^M(s) \\ Y_2^1(s) & Y_2^2(s) & \cdots & Y_2^M(s) \\ \vdots & \vdots & \cdots & \vdots \\ Y_Q^1(s) & Y_Q^2(s) & \cdots & Y_Q^M(s) \end{bmatrix} \times
$$

$$
\begin{bmatrix} U_1^1(s) & U_1^2(s) & \cdots & U_1^M(s) \\ U_2^1(s) & U_2^2(s) & \cdots & U_2^M(s) \\ \vdots & \vdots & \cdots & \vdots \\ U_M^1(s) & U_M^2(s) & \cdots & U_M^M(s) \end{bmatrix}^{-1}
$$

$$
\tag{5-8}
$$

正如在2.4节中已证明过的那样，输入激励矩阵$\overline{U}(s)$的逆矩阵存在是准确求得多变量过程模型的传递函数矩阵$G(s)$的必要条件。输入激励矩阵$\overline{U}(s)$的逆矩阵

存在意味着需要 *M* 批输入激励向量存在并且各批的输入激励向量是线性不相关的。这也就是所提出的多变量过程辨识的 MUNEAIO 方法中选用至少 *M* 批次不相关自然激励响应数据的理论依据。

5.1.3　多变量过程模型辨识的 *M* 批不相关自然激励响应数据的选取

若可以进行 *M* 批不相关激励试验，则可以通过采集过程实验的 *M* 批输入输出数据来获得模型辨识所需要 *M* 批不相关激励响应数据。假设采样时间为 T_s，采样数据总数为 *N*，那么可采集到动态数据组群为 $\{u_{i,j,k}, i=1, 2, \cdots, M; j=1, 2, \cdots, Q; k=1, 2, \cdots, N\}$ 和 $\{y_{i,j,k}, i=1, 2, \cdots, M; j=1, 2, \cdots, Q; k=1, 2, \cdots, N\}$。采样时间 T_s 的确定原则[30]是小于被辨识多变量系统中最快的过程的动态过程的时间常数的几千分之一。采样数据总数 *N* 的确定原则[30]是大于被辨识多变量系统中最慢过程的调整时间常数的数倍与采样时间的比值。

遗憾的是，在实际的工程应用中，一般是没有条件实现人为设计的 *M* 次不相关的激励试验，所以所需的 *M* 批不相关激励响应数据只能在实际过程运行的历史数据库中人工选取。可从实际系统运行的历史数据库中挑选至少 *M* 批次的有代表性意义的数据组群当作 *M* 次不相关的激励试验的系统响应数据，例如 5.2.3 节所述实验数据的挑选。

如何从实际过程运行的历史数据库选取 *M* 批不相关激励下的自然响应数据，目前还没有公认的方法。综合已有的相关研究文献，现提出以下几条选取原则：

1）每批数据的信噪比足够大。

2）每批数据时间长度应足够长。

3）每批数据的输出响应起点时刻应选在相对稳定的动态平衡段内。

4）至少选取 *M* 批符合要求的数据。

5）在 *M* 批数据中，每个过程输入（自然激励）的动态变化至少有一批数据是相对比较大的，例如波动峰峰值超过传感器量程的 25%。

6）在 *M* 批数据中，每个过程输入或输出量的超限时间段占总取样时间段的比例很小。

设计以上选取原则的考虑是：

1）如果信噪比太小，则得到的是无意义的过程噪声响应，将得不到所需要的有效的过程特性模型。

2）每个特定的多变量过程的动态特性响应时间的长短都决于自己的固有时间常数的大小。任何一个多变量过程，有 *Q* 个输出变量就会有 *M*×*Q* 条通道特性响应曲线，也就有 *M*×*Q* 个对应的时间常数。可以认为能包含一个输入输出通道的完整的过程动态特性信息的动态特性过渡时间长度至少是该通道时间常数的 3 倍。因此，为辨识某多变量过程的模型而选取的采样数据时间段，至少大于 *M*×*Q* 条通道特性中最大的时间常数的 3 倍。当然，在未知的过程辨识前这个时间常数数据只能来自于该过程的先验知识。如果所选取的每批数据时间长度不够，那么所辨出的模型可能因为过程信息不足而失真。如果所选取的每批数据时间长度远超过要求，那么也可能造成优化计算资源的浪费，或者带来未知干扰和噪声的不良影响。

3）由于过程模型常用的类型多是零初始状态条件下的模型，比如传递函数模型，所以在辨识计算前要对原始数据做零初始状态的预处理。一般假定数据段的起点时刻对应零初始状态时刻。但是，在实际得到的数据中，很难找到真正达到零初始状态要求的数据，这就造成了模型辨识的零初始状态误差。为了尽量减少这种误差，自然是应当把每批数据的输出响应起点时刻选在相对稳定的动态平衡段内。响应曲线越平坦，变量变化速度越小，相应的变量各阶导数值越小，也就越接近零初始状态。

4）至少选取 M 批符合要求的数据的原则设计是根据 2.4 节提出的论点，即具有输入变量个数为的 M 多变量过程模型的准确辨识的要求是需进行 M 批次的输入激励且激励向量之间是线性无关的。符合要求的数据批数可先选择比 M 多一些，然后再比较其符合要求的程度差别，优选出 M 批。

5）符合要求的数据首要的是符合激励向量之间线性无关的要求。分析自然激励下的实际过程运行数据和人为激励下的实际过程运行数据的差别在于自然激励的无序性和随机性很强，所以一般而言，自然激励下的实际过程运行数据更容易满足激励向量之间线性无关的要求。然而也存在一种可能，即虽然满足激励向量之间线性无关的要求，但是某一个过程输入没有被充分激励。为了避免这种情况发生，设计了每个过程输入的动态变化至少有一批数据中是相对比较大的。

6）通常需要建立的模型多为正常工况模型，其对应的数据变量的变化范围基本上都在传感器量程的中段，很少超出预定的上限或下限，即便偶尔超限，持续时间也不长。所以，设计每个过程输入或输出量的超限时间段占总取样时间段的比例很小的选取数据原则是为了避免误取非正常工况数据。

5.1.4 多变量过程模型辨识的汇总优化指标设计和智能优化辨识算法

模型辨识问题可以归结为最优化问题，对于多变量系统辨识问题也是如此。解决最优化问题的关键之一是设计是最优化性能指标函数，或称适应度函数。如前所述，多变量过程辨识应当用 M 批不相关激励响应数据来计算，因此可设计最优化性能指标函数如式（5-9）所示定义。式中的 $\{\hat{y}_{i,j,k},\ i = 1,\ 2,\ \cdots,\ M;\ j = 1,$ $2,\ \cdots,\ Q;\ k = 1,\ 2,\ \cdots,\ N\}$ 是用所辨识的模型 $\hat{G}_{ij}(s)$ 通过仿真计算得出的在同激励输入下的响应数据。

$$J = \sum_{i=1}^{M} J_i = \sum_{i=1}^{M} \sqrt{\frac{1}{QN} \sum_{j=1}^{Q} \sum_{k=1}^{N} (y_{ijk} - \hat{y}_{ijk})^2} \qquad (5-9)$$

使用式（5-9）作为最优化性能指标函数，含义就是求得使 M 个批次的 Q 条实际输出响应曲线与对应的模型响应曲线都得到最佳吻合的结果。将分批次采集的辨识数据汇总起来，集中做辨识的优化计算，就是汇总优化的含义。汇总优化辨识计算是有别于目前流行的用单批次数据做辨识计算的传统方式，是 MUNEAIO 新辨识方法的显著标志。有些研究者虽然用多个单批次数据做辨识计算再进行统计平均，但是并不能在本质上改变其模型辨识的不准确性。

在进行优化计算时，可以采用多种现代智能优化算法，例如 PSO 法、差分进化法、布谷鸟法等。本书示例采用的是 PSO 优化算法，PSO 优化算法在 2.5 节中已有简单的介绍。以下是在优化辨识计算中所用的 PSO 优化算法的更具体的表述。

粒子群算法（PSO）的数学描述是：在 D 维搜索空间中，第 i 个粒子的位置和速度分别为 $X_i = (x_{i,1} x_{i,2} \cdots x_{i,D})$ 和 $V_i = (v_{i,1} v_{i,2} \cdots v_{i,D})$，在每次迭代中，粒子通过跟踪两个最优解来更新自己：一是每个粒子自身所经历过的最优位置 pbest，记为 $P_i = (p_{i,1} p_{i,2} \cdots p_{i,D})$；二是整个种群经历过的最优位置 gbest，记为 $P_g = (p_{g,1} p_{g,2} \cdots p_{g,D})$。在找到这两个最优值时，粒子速度和位置的更新公式为

$$v_{i,j}(t+1) = wv_{i,j}(t) + c_1 r_1 [p_{i,j} - x_{i,j}(t)] + c_2 r_2 [p_{g,j} - x_{i,j}(t)] \quad (5\text{-}10)$$

$$x_{i,j}(t+1) = x_{i,j}(t) + v_{i,j}(t+1) \quad (5\text{-}11)$$

式中，$j = 1, 2, \cdots, D$；w 为惯性权重，它决定着粒子先前速度对当前速度的影响程度；t 为当前迭代次数；c_1 和 c_2 为学习因子，学习因子使粒子从自己寻优的历史中自我总结并从整个群体中学习；r_1 和 r_2 为 [0, 1] 之间均匀分布的随机数。图 5-2 所示为 PSO 算法的流程图。

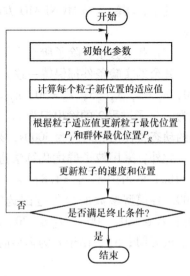

图 5-2　PSO 算法流程图

63

5.2　多变量过程辨识的 MUNEAIO 方法的实验验证

5.2.1　基于已知模型的多变量过程辨识的 MUNEAIO 方法的实验验证[128]

为了验证 MUNEAIO 方法的理论正确性，在本节所用的数据并不是自然激励下的响应数据，而是在专门设计的激励信号下的响应数据。这些数据分别对应于激励批数不同和激励相关性不同的情况。所以，本节所述的实验只能证明除自然激励条件以外的 MUNEAIO 方法的理论正确性[128]。至于针对自然激励条件的实验证明将在 5.2.3 节展开。

选择如图 5-3 所示的一个三入一出的多变量过程为辨识对象。根据多变量过程

辨识的 MUNEAIO 方法，对于一个三输入的过程，应该采用三批不相关激励。为考查非三次不相关激励下的辨识效果，还考虑了其他四种情况。于是设计有以下五个实验：

实验 1：一批激励下的过程辨识；

实验 2：两批互不相关激励下的过程辨识；

实验 3：三批互不相关激励下的过程辨识（MUNEAIO 方法）；

实验 4：四批互不相关激励下的过程辨识；

实验 5：三批线性相关激励下的过程辨识。

其中，实验 3 是 MUNEAIO 方法的实现，其他实验是非 MUNEAIO 方法的对照实验。

在这些实验中，除了所用输入激励变量的个数和它们之间的相关性有所变动以外，其余的实验条件都保持一致。假定已知被辨识过程模型参数为：$K_1 = 3$，$T_1 = 100$，$n_1 = 2$，$K_2 = 5$，$T_2 = 50$，$n_2 = 3$，$K_3 = 2$，$T_3 = 150$，$n_3 = 1$。子过程 1 的输出记为 y_1，子过程 2 的输出记为 y_2，子过程 3 的输出记为 y_3，过程输出记为 y。设过程的动态特性仿真时间为 3000s，采样周期为 1s。

此外，采用粒子群优化算法进行系统辨识。PSO 算法参数设置为：种群规模 $N = 100$；学习因子 $c_1 = 1.8$；$c_2 = 1.8$；惯性权重 $w = 0.729$；最大迭代次数 $G = 1000$。各模型参数的寻优范围选定为：$K_1 \in [0, 10]$，$K_2 \in [0, 10]$，$K_3 \in [0, 10]$；$T_1 \in [20, 300]$，$T_2 \in [20, 300]$，$T_3 \in [20, 300]$；$n_1 \in [1, 5]$，$n_2 \in [1, 5]$，$n_3 \in [1, 5]$，由于 n 为模型的阶次，故一般四舍五入取整数。

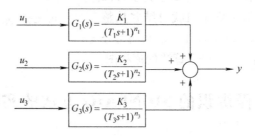

图 5-3 三入一出过程

实验中系统的传递函数模型如式（5-12）所示，可见过程模型结构选为多容惯性环节，模型参数为 K，T 和 n。

$$G(s) = \frac{K}{(Ts + 1)^n} \tag{5-12}$$

设计三批激励信号向量 $u_1(t)$、$u_2(t)$ 和 $u_3(t)$，分别如式（5-13）~式（5-15）所示，其中 $1(t)$ 为单位阶跃信号。可以验证这三批激励信号向量是互不相关的。

$$u^1(t) = \begin{bmatrix} u_1^1(t) & u_2^1(t) & u_3^1(t) \end{bmatrix}^T = \begin{bmatrix} 1(t) & 1(t) & 1(t) \end{bmatrix}^T \quad (5\text{-}13)$$

$$u^2(t) = \begin{bmatrix} u_1^2(t) & u_2^2(t) & u_3^2(t) \end{bmatrix}^T = \begin{bmatrix} -1(t) & 0.5 \cdot 1(t) & 1(t) \end{bmatrix}^T \quad (5\text{-}14)$$

$$u^3(t) = \begin{bmatrix} u_1^3(t) & u_2^3(t) & u_3^3(t) \end{bmatrix}^T = \begin{bmatrix} 0.5 \cdot 1(t) & 1(t) & -1(t) \end{bmatrix}^T \quad (5\text{-}15)$$

这三批激励信号向量组成的辨识激励信号矩阵经拉式变换后，如式（5-16）所示。

$$\hat{U}(s) = \begin{bmatrix} \dfrac{1}{s} & -\dfrac{1}{s} & \dfrac{0.5}{s} \\ \dfrac{1}{s} & \dfrac{0.5}{s} & \dfrac{1}{s} \\ \dfrac{1}{s} & \dfrac{1}{s} & -\dfrac{1}{s} \end{bmatrix} = \frac{1}{s}\begin{bmatrix} 1 & -1 & 0.5 \\ 1 & 0.5 & 1 \\ 1 & 1 & -1 \end{bmatrix} \quad (5\text{-}16)$$

在以上实验条件下，分别进行了所设计的五项实验。其中，实验 1 所用的是一批激励信号向量 $u_1(t)$；实验 2 所用的是两批不相关的激励信号向量 $u_1(t)$ 和 $u_2(t)$；实验 3 所用的是三批互不相关的激励信号向量 $u^1(t)$，$u^2(t)$ 和 $u^3(t)$；实验 4 所用的是四批互不相关的激励信号向量 $u^1(t)$，$u^2(t)$，$u^3(t)$ 和 $u^4(t)$（$u^4(t) = \begin{bmatrix} 1(t) & -1(t) & 0.5(t) \end{bmatrix}^T$）；实验 5 所用的是三批相关的激励信号向量 $u^1(t)$，$u^2(t)$ 和 $2u^1(t)$（$2u^1(t) = \begin{bmatrix} 2(t) & 2(t) & 2(t) \end{bmatrix}^T$）。

实验 1 的辨识结果如图 5-4 所示；实验 2 的辨识结果如图 5-5 所示；实验 3 的辨识结果如图 5-6 所示；实验 4 的辨识结果如图 5-7 所示；实验 5 的辨识结果如图 5-8 所示。

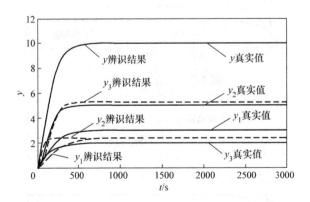

图 5-4 实验 1 辨识结果

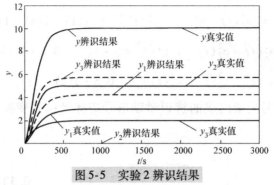

图 5-5　实验 2 辨识结果

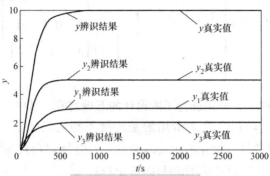

图 5-6　实验 3 辨识结果

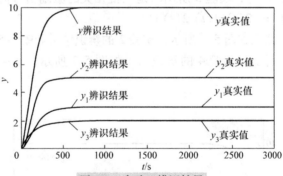

图 5-7　实验 4 辨识结果

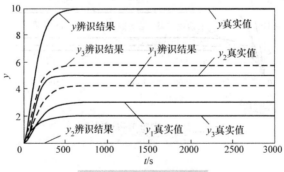

图 5-8　实验 5 辨识结果

五个辨识实验所得的模型参数见表 5-1。

表 5-1　五个辨识实验得到的模型参数汇总

实验编号	参数/真值								
	$K_1/3$	$T_1/100$	$n_1/2$	$K_2/5$	$T_2/50$	$n_2/3$	$K_3/2$	$T_3/150$	$n_3/1$
实验 1	2.379	127.468	1	2.376	20	3	5.245	35.613	5
实验 2	4.247	91.358	1	0.014	243.810	1	5.7394	73.895	1
实验 3	2.997	99.304	2	5.001	50.271	3	2.001	150.629	1
实验 4	2.993	99.576	2	4.990	50.442	3	1.991	150.620	1
实验 5	4.248	94.485	1	0.005	20	2	5.747	75.528	2

仔细观察图 5-4 ~ 图 5-8 可以看出，过程的输出响应曲线和过程模型的输出响应曲线都很好地吻合在一起，见图 5-4 ~ 图 5-8 中的曲线"y 辨识结果"和"y 真实值"。但是子过程的输出响应曲线和子过程模型的输出响应曲线不都是能很好地吻合，实验 3 和实验 4 的三个子过程的两条输出响应曲线可以很好地吻合（见图 5-6 和图 5-7 中的曲线"y 辨识结果"和"y 真实值"）。而实验 1、实验 2 和实验 5 的三个子过程的两条输出响应曲线都有明显差异（见图 5-4、图 5-5 和图 5-8 中的曲线"y_1 辨识结果"和"y_1 真实值"，曲线"y_2 辨识结果"和"y_2 真实值"，曲线"y_3 辨识结果"和"y_3 真实值"。）。

表 5-1 所示的五个实验所得的模型参数也可以看出，实验 3 和实验 4 辨识出的模型参数与真实模型参数非常接近，而实验 1、实验 2 和实验 5 辨识出的模型参数明显有很大误差。

以上五个实验验证了 MUNEAIO 方法辨识的正确性和非 MUNEAIO 方法辨识的不准确性。实验 1 和实验 2 的结果证明激励批次不足而导致辨识不准的结果。实验 5 的结果证明若不能保证不相关激励条件也将辨识不准。实验 4 的结果表明不相关激励批数大于过程输入变量数是不影响辨识准确性的，但是增加了辨识计算量。此外，还可以看出非 MUNEAIO 方法辨识的不准确性体现在模型参数误差和子过程输出曲线误差上，光从过程输出曲线上还看不出来。

5.2.2　多变量过程辨识的 MUNEAIO 方法与传统方法的实验对比[125]

多变量过程辨识的 MUNEAIO 方法与目前流行的传统方法相比，差别在于 MUNEAIO 方法是用与多变量过程输入数一样多批数的不相关激励响应数据进行汇总智能优化计算，而传统方法是利用单批的激励响应数据做优化计算，即使是用了多批的激励响应数据也是多次的单批处理。因此，以下专门设计的一套实验对比，为的是更客观地评价两种方法的优劣。

假设有一个二输入一输出的多变量被辨识过程，其模型如式（5-17）所示

$$\begin{cases} G_{11}(s) = \dfrac{K_1}{(T_1s+1)(T_2s+1)} = \dfrac{10}{(23s+1)(130s+1)} \\ G_{21}(s) = \dfrac{K_2}{(T_3s+1)(T_4s+1)} = \dfrac{13}{(16s+1)(90s+1)} \end{cases} \tag{5-17}$$

设计两批互不相关的激励信号，如式（5-18）所示，其拉氏变换见式（5-19）。根据式（5-19）可知 $\hat{U}(s)$ 的逆矩阵存在。

$$\hat{u}(t) = \begin{bmatrix} -1(t) & 1(t) \\ 1(t) & -0.5 \times 1(t) \end{bmatrix} \tag{5-18}$$

$$\hat{U}(s) = \begin{bmatrix} -\dfrac{1}{s} & \dfrac{1}{s} \\ \dfrac{1}{s} & -\dfrac{0.5}{s} \end{bmatrix} = \dfrac{1}{s}\begin{bmatrix} -1 & 1 \\ 1 & -0.5 \end{bmatrix} \tag{5-19}$$

利用 MATLAB 软件，可通过仿真试验获得两批辨识激励信号下的辨识响应数据。为逼近真实过程，在仿真试验中在系统输出上叠加了有色噪声 $e(t)$，$e(t)$ 是均值为零的白噪声 $\eta(t)$ 驱动连续有理传递函数滤波器 $\xi(s) = \dfrac{s+0.5}{s^2+10s+11}$ 后所产生的。

根据所记录的辨识响应数据，采用粒子群（PSO）辨识算法，可得到如表 5-2 所示的辨识结果。为了对比，分别做了只用第一批激励后的系统响应数据的辨识计算和只用第二批激励后的系统响应数据的辨识计算（两种方法均是传统方法）。为了一致性验证，每批激励信号下均做了 20 次辨识试验，所以有 20 次辨识试验统计数据（均值、标准差）。由表 5-2 可见，用 MUNEAIO 方法辨识能获得相对偏差小于 1% 的辨识效果，而用传统方法辨识的相对偏差明显很大。

为了进一步说明 MUNEAIO 辨识的优越性，可利用频域特性分析方法来展示辨识结果。图 5-9 展现了用 MUEAIO 辨识 20 次的模型 $\hat{G}_{11}(s)$ 和 $\hat{G}_{21}(s)$ 与真实过程 $G_{11}(s)$ 和 $G_{21}(s)$ 的伯德图对比，显然 20 条模型的伯德曲线和真实过程伯德曲线均重合在一起，表明用 MUEAIO 辨识十分准确。

图 5-10 所示为用第一批激励响应数据获得的辨识模型与真实模型的伯德图对比，显然，所辨识的 20 个模型的幅频特性和相频特性曲线散落在真实模型曲线的旁边；表明其辨识误差较大。可以注意到，图 5-10 所示的辨识模型曲线虽然偏离了真实模型曲线，但是仍然在真实模型曲线附近。这说明辨识模型和真实模型具有相似性，或者说辨识模型有误差，但其误差是有界的，不是大到不可预测。这也许

就是目前用单批次试验的数据辨识多变量过程模型的结果已被多数研究者所接受的原因之一。

图 5-11 是用第二批激励响应数据获得的辨识模型与真实模型的伯德图对比，显然，所辨识的 20 个模型的幅频特性和相频特性曲线散落在真实模型曲线的旁边，表明其辨识误差虽然较大但是有界的。

表 5-2　MUNEAIO 方法与传统方法的辨识实验对比

辨识参数		T_1	T_2	T_3	T_4	K_1	K_2
真实值		23	130	16	90	10	13
均值	MUNEAIO	23.197 3	129.595 3	16.194 6	89.669 5	9.999 0	12.999 4
	第一批	74.507 8	147.797 4	43.046 7	157.227 1	44.941 8	48.412 8
	第二批	124.001 2	180.370 1	140.027 7	178.124 8	20.943 6	35.168 8
标准差	MUNEAIO	0.477 4	0.790 9	0.418 7	0.650 8	0.007 1	0.008 3
	第一批	27.337 3	42.624 5	21.314 4	45.729 4	25.933 4	25.595 5
	第二批	27.582 3	35.992 2	50.392 6	30.873 7	9.868 2	19.386 9
相对偏差	MUEAIO	0.86%	0.31%	1.22%	0.37%	0.01%	0.004%
	第一批	224%	13.7%	169%	74.7%	349%	272%
	第二批	439%	38.7%	775%	97.9%	109%	170%

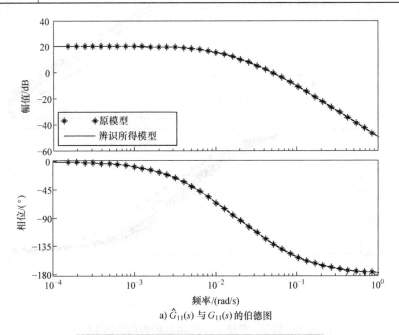

a) $\hat{G}_{11}(s)$ 与 $G_{11}(s)$ 的伯德图

图 5-9　MUNEAIO 辨识 20 次的模型伯德曲线图

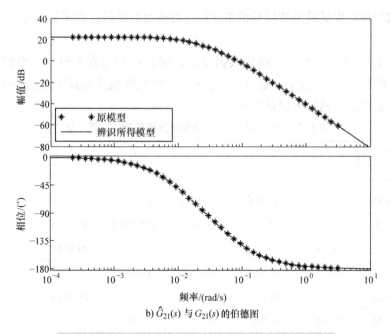

b) $\hat{G}_{21}(s)$ 与 $G_{21}(s)$ 的伯德图

图 5-9　MUNEAIO 辨识 20 次的模型伯德曲线图（续）

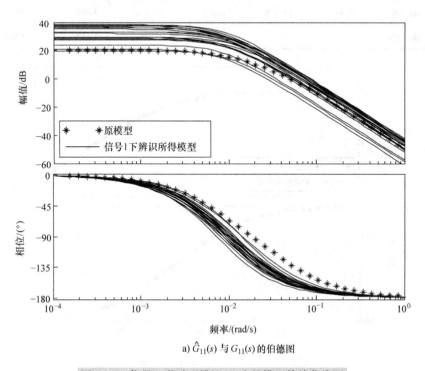

a) $\hat{G}_{11}(s)$ 与 $G_{11}(s)$ 的伯德图

图 5-10　信号 1 激励下辨识 20 次的模型伯德曲线图

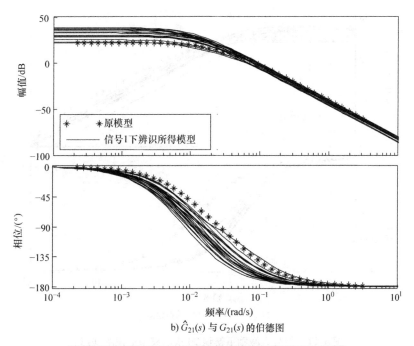

b) $\hat{G}_{21}(s)$ 与 $G_{21}(s)$ 的伯德图

图 5-10 信号 1 激励下辨识 20 次的模型伯德图（续）

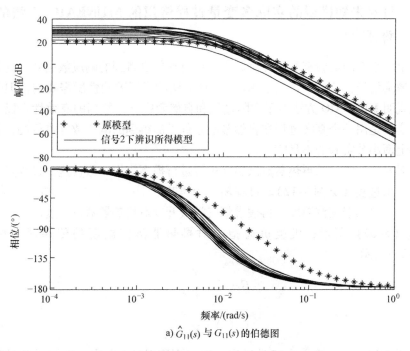

a) $\hat{G}_{11}(s)$ 与 $G_{11}(s)$ 的伯德图

图 5-11 信号 2 激励下辨识 20 次的模型伯德图

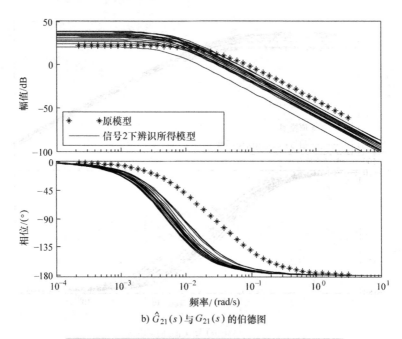

b) $\hat{G}_{21}(s)$ 与 $G_{21}(s)$ 的伯德图

图 5-11　信号 2 激励下辨识 20 次的模型伯德图（续）

5.2.3　针对未知模型的实际多变量过程辨识的 MUNEAIO 方法的实验验证[123]

以上两小节的实验都是用针对数学模型过程仿真得到的响应数据和人为设计的不相关激励信号，这主要是论证 MUNEAIO 方法的辨识准确性所需要的。但是它们还不能说明 MUNEAIO 方法对于实际过程和自然激励响应数据的有效性。以下表述的辨识实验是用一个真实过程在自然激励条件下的得到的响应数据进行的，恰恰可以弥补上两小节实验的不足[123]。

为对发电厂锅炉的再热器蒸汽温度过程进行模型辨识，假设这一过程是一个二输入一输出过程（见图 5-12）。过程输入为再热器烟气挡板开度和机组负荷指令；过程输出为再热器蒸汽温度。再假设烟气挡板开度对再热器蒸汽温度的传递函数模型如式（5-20）所示；机组负荷指令对再热器蒸汽温度的传递函数模型如式（5-21）所示。

$$G_1(s) = \frac{K_1 e^{-\tau s}}{T_1 s + 1} \tag{5-20}$$

$$G_2(s) = \frac{K_2}{T_2 s + 1} \tag{5-21}$$

由于该过程是二输入多变量过程，按照 MUNEAIO 方法至少需要两批辨识数据。考虑模型验证的需要，再加一批数据用于验证，共需三批数据。这三批数据选

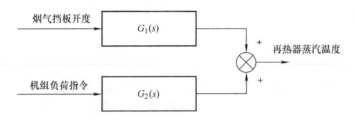

图 5-12　再热汽温过程结构方框图

自某电厂 60 万千瓦机组半小时时长数据（负荷在 80% ~ 85% 之间波动）。经过零初值处理后，第一批数据曲线如图 5-13 所示，可见烟气挡板开度开大 20%，机组负荷指令来回波动，再热器蒸汽温度上升了 4℃；第二批数据曲线如图 5-14 所示，可见烟气挡板开度减小 20%，机组负荷指令稍微降低，再热器蒸汽温度下降了 5℃；第三批数据曲线如图 5-15 所示，烟气挡板开度减小 10%，机组负荷指令降低了 15MW，再热器蒸汽温度下降了 5℃。利用第一、二批数据进行辨识，第三批数据进行验证。对于第一批输入激励数据和第二批输入激励数据的不相关性是否成立，并不容易严格证明，但是从两批波形变化的对比看，应该是不相关的。

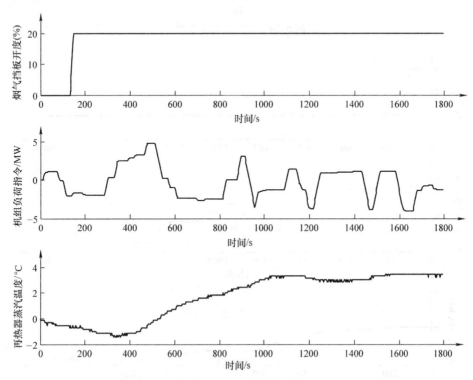

图 5-13　第一批数据曲线

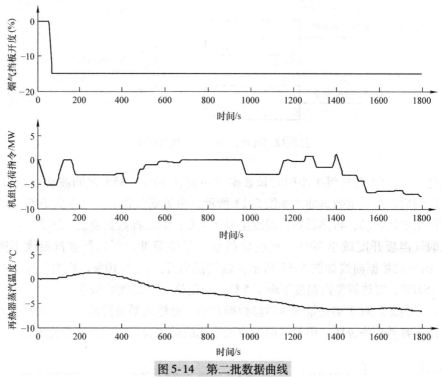

图 5-14　第二批数据曲线

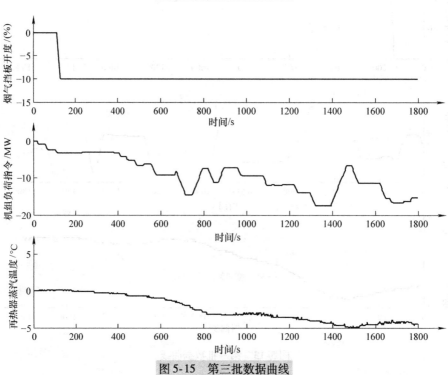

图 5-15　第三批数据曲线

当只用第一批数据进行辨识（传统方法），可得到模型为

$$G_1(s) = \frac{0.2704\mathrm{e}^{-527.62}}{150.204s + 1} \tag{5-22}$$

$$G_2(s) = \frac{5.8558}{388.08s + 1} \tag{5-23}$$

当只用第二批数据进行辨识（传统方法），可得到模型为

$$G_1(s) = \frac{0.0892\mathrm{e}^{-524.906}}{43.6509s + 1} \tag{5-24}$$

$$G_2(s) = \frac{0.2891}{135.6707s + 1} \tag{5-25}$$

当利用第一批和第二批数据进行 MUNEAIO 方法辨识后，可得到模型为

$$G_1(s) = \frac{0.1738\mathrm{e}^{-433.5573}}{232.41s + 1} \tag{5-26}$$

$$G_2(s) = \frac{0.2366}{239.5598s + 1} \tag{5-27}$$

利用第三批数据对上述辨识得到的传递函数模型进行验证，可得到图 5-16 和图 5-17。图 5-16 所示为用第一批数据进行传统辨识得到的模型在第三批数据激励下的响应曲线，可见与第三批的响应曲线相差很大，波动幅度竟达 70℃。图 5-17 所示为用第二批数据进行传统辨识得到的模型和用第一批和第二批两组数据进行 MUNEAIO 方法辨识得到的模型在第三批数据激励下的响应曲线。由图 5-17 可知，用 MUNEAIO 方法辨识得到的模型的激励响应曲线更接近第三批激励响应曲线，基本上与验证曲线重合。这说明了 MUNEAIO 方法对真实的过程和自然激励响应数据是有效的。

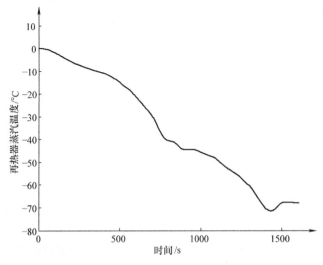

图 5-16　用第一批数据进行传统辨识所得模型对第三批数据激励的响应曲线

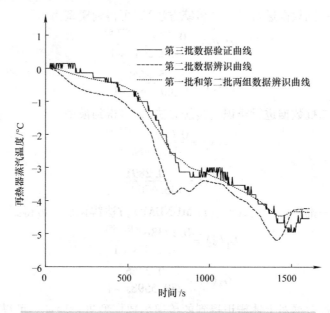

图 5-17　MUNEAIO 方法辨识与传统方法辨识的验证对比

第6章

多变量过程辨识新理论的应用 案例——再热汽温过程建模

6.1 换热过程的动态机理分析建模方法

早在20世纪60年代，Toshiro T 就研究了基于单相受热管分布参数模型的锅炉温度和压力的动态控制问题[170]。1962年，Mark E 给出了多种假定条件下的分布参数模型和集总参数模型的分析比较[171]。1977年，上海锅炉厂研究所自控组总结出一套简单、实用的利用分布参数模型计算锅炉单相区段动态特性的方法[172]。1987年，章臣樾出版的《锅炉动态特性及其数学模型》专著，较系统地陈述了通过机理分析方法建立分布参数模型和集总参数模型的过程[173]。1997年，范永胜的基于分布参数机理分析模型，提出了高温过热器的四个典型负荷下的出口汽温对喷水扰动的传递函数模型[174]，该模型后来被广泛用于锅炉控制系统的研究。2007年，李旭提出了利用单相受热管分布参数模型计算过热汽温动态特性传递函数的方法[175]。2009年，李旭又给出应用单相受热管分布参数模型计算再热汽温动态特性传递函数的方法[176]。2013年，郦晓雪更详细地归纳了利用单相受热管分布参数模型计算过热汽温传递函数模型和再热汽温传递函数模型的方法[177]。纵观近60年的单相受热管分布参数模型研究历史，可以认为基于机理分析方法建立的单相受热管分布参数模型对于以换热器为主的锅炉的动态特性控制仍然有值得关注的工程应用价值。以李旭为代表的学者认为基于单相受热管分布参数机理分析模型得出的过热器和再热器汽温动态特性计算方法是简单实用的，并且与现场试验辨识得出的实际模型的对比误差很小，完全可以满足锅炉控制工程设计与整定工作的需要。作者认为与当前流行的实验建模方法相比，基于机理分析建模得到的单相受热管分布参数机理分析模型方法有着独特的应用优势，那就是仅凭锅炉的设计参数或运行参数就可计算出过热器模型和再热器模型，这将给锅炉投运前的预调试和锅炉投运后的控制系统调试带来极大的方便。如果将这种方法与现代的模型辨识方法结合起来应用，取长补短，那么完全有可能带来更令人满意的建模效果。

相关研究文献的检索结果表明，应用单相受热管分布参数模型方法的直接相关文献的数量很少，这表明这种方法并非那么简单实用，在推广应用上一定存在较大的瓶颈问题。单相受热管分布参数模型方法推广应用的主要瓶颈问题是标幺值模型转换为实际值模型、焓值转换为温度值、温度测量传感器、过程控制量与模型输入量的换算，模型本身误差等。这些问题看似简单，实则并不简单，已成为现场工程师应用单相受热管分布参数模型方法的拦路虎。而且，不科学地使用单相受热管分布参数模型方法反而会造成较大的模型应用误差，甚至造成负面的应用经验，以至为业内一种片面的流行说法提供了证据。这种片面的说法是机理建模方法根本是不准确和不实用的，实际工程应用所需模型只能靠实验建模方法来建立。事实上，只靠实验方法建模的众多工程实践案例已经表明：即便拥有非常庞大的大数据，也解决不了建模的盲目性问题。例如，模型结构的确定问题，若只靠数据的数学方法分析计算，则将有多种可选结果，即便是数据拟合最优的结果也未必是所需要的正确结果，因为很可能所假定的模型结构与实际物理模型完全不吻合。再比如，模型参数的参数范围确定问题，如果只靠数学方法任意优选，则很可能获得的最优模型参数值没有实际意义，例如，实际中不可能小于零的模型参数的优选值竟然是负数。因此可以说，依据机理分析方法建立的单相受热管分布参数模型在现代控制工程中的建模应用价值就在于可以更科学地解决模型结构确定和模型参数范围确定的问题。

6.1.1 单相受热管分布参数模型及建模基本假定

换热器是把热量从一种介质传给另一种介质的设备。管式换热器是一种表面式的换热设备，管式换热器的受热面由很多等长的受热管并联而成，若管内为冷介质，则它一边流动并且一边吸热。管外热工质向管内冷工质放热，导致管内冷工质的热力状态参数发生相应变化。受热管的简化物理模型如图6-1所示。

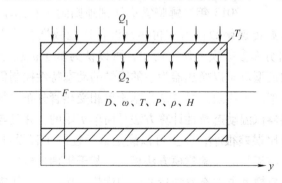

图6-1 受热管简化的物理模型

在图 6-1 中，Q_1 为管外工质向金属的放热量（kJ/kg）；Q_2 为管壁金属向管内工质的放热量（kJ/kg）；D 为工质的质量流量（kg/s）；ω 为工质的流速（m/s）；P 为压力（Pa）；ρ 为工质密度（kg/m³）；H 为单位质量工质的焓（kJ/kg）。

为了便于单相受热管分布参数模型的建立，做了以下基本假定[173]：

1）假定所有并联管等效为一根理想的受热管，其介质通流面积为各并联管的通流面积之和，而其长度为并联管的平均长度。

2）假定工质与金属壁换热只在径向进行，且管壁四周的径向传热强度都是均匀的。

3）假定沿管长方向无导热和其他热交换。

4）假定管壁径向导热系数无限大，即金属管壁的外层和内层之间无温差，金属温度只沿管长方向有变化。

5）假定管内介质为充分混合的流体，在同一横截面上有均匀的流速，无边界层，无径向和切向温差。

6）假定管内介质无内部环流，沿长度方向作一元流动。

6.1.2　单相受热管分布参数模型的基本方程组

为了得到单相受热管分布参数模型的基本方程，做以下三点简化性假设[181]：

1）假定沿管长方向工质吸热均匀，不随位置而变化，管外介质热流量为强制热流，只取决于管外介质的状态，不受管壁金属温度的影响。

2）因管内工质沿管长方向的压力降相对于工质的工作压力来说要小得多，故假定管段内的压力是均匀一致的。

3）假定管内介质的比定压热 C_p 为常数。基于如上三点假设，并根据质量守恒、能量守恒以及换热规律，可得到管式换热器的基本方程组。

1. 金属蓄热方程

由图 6-1 可列写出管壁金属的蓄热方程，如式（6-1）所示。

$$Q_1 - Q_2 = m_j c_j \frac{\partial T_j}{\partial \tau} \tag{6-1}$$

式中，m_j 为单位长度管段的金属质量（kg）；c_j 为金属比热容 [kJ/(kg·℃)]；T_j 为金属温度（℃）；τ 为时间（s）。

2. 管壁传热方程

由对流换热原理得到的管壁金属向管内工质的传热量方程如式（6-2）所示。

$$Q_2 = \alpha_2 a_2 (T_j - T) \tag{6-2}$$

式中，T 为工质温度（℃）；α_2 为放热系数，可表示成 $\alpha_2 = K_2 D^m$，其中 K_2 为常数，D 为工质的质量流量（kg/s），m 为幂级数，取经验值 0.8。因此，式（6-2）也可表示成式（6-3）所示的形式。

$$Q_2 = K_2 D^m a_2 (T_j - T) \tag{6-3}$$

3. 能量守恒方程

在管内取一段长度为 dy 的微元体，如图6-2所示。

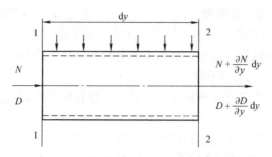

图6-2 管内柱形微元体

设每千克工质具有的内能为 u，动能为 $\omega^2/2$，位能为 gh，其中 ω 为工质的流速，g 为重力加速度，h 为高度。则通过截面1进入微元体内的工质能量为 $N = D(u + \omega^2/2 + gh)$，通过截面2流出微元体的能量为 $N + (\partial N/\partial y)dy$，在截面1处工质受到的推动功为 $FP\omega$ [F 为微元体截面积（m^2）；P 为压力（Pa）]，截面2工质对外做的推动功为 $FP\omega + [\partial(FP\omega)/\partial y]dy$，管壁金属向管内工质的传热量为 $Q_2 dy$，微元体内部工质具有的总能量为 $F\rho dy(u + \omega^2/2 + gh)$，其中，$\rho$ 为工质密度（kg/m^3）。根据能量守恒原理，单位时间内流入微元体内的能量与流出微元体的能量相等，可得

$$Q_2 dy = \frac{\partial N}{\partial y}dy + \frac{\partial(FP\omega)}{\partial y}dy + \frac{\partial}{\partial\tau}\left[F\rho dy\left(u + \frac{\omega^2}{2} + gh\right)_0\right] \tag{6-4}$$

经过一系列的化简，得到如式（6-5）所示的简化形式

$$Q_2 = D\frac{\partial H}{\partial y} + F\rho\frac{\partial H}{\partial\tau} - F\frac{\partial P}{\partial\tau} \tag{6-5}$$

式中，H 为单位质量工质的焓（kJ/kg）；

4. 质量守恒方程

根据质量守恒原理，单位时间内流入微元体内工质的质量应与流出微元体工质的质量相等，由图6-2可列出方程

$$D - \left(D + \frac{\partial D}{\partial y}dy\right) = \frac{dM}{d\tau} \tag{6-6}$$

式中，M 为微元体内工质的质量，$M = \rho V$；当 F 为常数时，有 $M = \rho F dy$，代入式（6-6）化简为

$$\frac{\partial D}{\partial y} = \frac{F}{v^2} \cdot \frac{\partial v}{\partial\tau} \tag{6-7}$$

式中，v 为工质的比容（m^3/kg）。

5. 状态方程

温度 T、压力 P、焓 H、熵 S、内能 u 以及比容 v 为工质的6个状态参数，常

用较容易求得的状态参数作为自变量来表示其他状态参数。这里，用焓 H 和压力 P 作为自变量来表示比容 υ

$$\upsilon = \upsilon(H, P) \tag{6-8}$$

6.1.3 线性化处理

把非线性函数在工作点 x_0 附近展开成泰勒级数，略去高次项，得到以增量为变量的线性函数，即为线性化处理。将其方法应用到非线性的热工系统中，即认为动态过程只是在某一稳态工况附近做小幅度变化，选择稳态工况点 x_0。用泰勒级数表示为

$$y \approx f(x_0) + \frac{f'(x_0)}{1!}(x - x_0) + \frac{f''(x_0)}{2!}(x - x_0)^2 + L\frac{f^{(n)}(x_0)}{n!}(x - x_0)^n \tag{6-9}$$

对于近似计算，保留泰勒公式前两项即可，且有 $y_0 = f(x_0)$，即

$$\Delta y = f'(x_0)(x - x_0) \tag{6-10}$$

在稳态工况下，有如式（6-11）和式（6-12）的关系，下角标"0"表示各个变量稳态工况下的值。

$$Q_{10} = Q_{20} = Q_0 = \alpha_{20} a_2 (T_j - T)_0 \tag{6-11}$$

$$D_{10} = D_{20} = D_0 \tag{6-12}$$

由关系式 $H = C_p T$，式（6-11）又可以表示为

$$Q_{10} = Q_{20} = Q_0 = \frac{D_0(H_{20} - H_{10})}{l} = D_0 C_p \frac{T_{20} - T_{10}}{l} \tag{6-13}$$

式中，Q_{10}，Q_{20}，Q_0 分别为稳态工况下管外介质向金属，金属向管内介质的放热量和稳态工况下的热流量；$(T_j - T)_0$ 为稳态工况下金属管壁与管内介质的平均温度差；H_{10}，H_{20}，T_{20}，T_{10} 分别为稳态工况下管内介质的进出口焓和温度的平均值；D_{20}，D_{10}，D_0 分别表示稳态工况下受热管的进、出口流量及稳态工况下的流量；l 是受热管长（m）。

1. 金属蓄热方程线性化

各变量在稳态工况附近做小幅度变化时，存在 $Q_1 = Q_0 + \Delta Q_1$；$Q_2 = Q_0 + \Delta Q_2$；$D_1 = D_0 + \Delta D_1$；$D_2 = D_0 + \Delta D_2$，将金属蓄热方程式（6-1）线性化处理得

$$\frac{\Delta Q_1 - \Delta Q_2}{Q_0} = \frac{m_j c_j}{\alpha_{20} a_2 (T_j - T)_0} \cdot \frac{\partial \Delta T_j}{\partial \tau} \tag{6-14}$$

将式（6-14）用相对量来表示，有

$$q_1 - q_2 = T_m \cdot \frac{\partial \theta_j}{\partial \tau} \tag{6-15}$$

式中，T_m 为金属蓄热时间常数，$T_m = m_j c_j / \alpha_{20} a_2$；$\theta_j$ 为金属壁温的相对变量，$\theta_j = \Delta T / (T_j - T)_0$；$q_1$，$q_2$ 分别为外部强制热流和管壁向管内介质放热量的相对变量，$q_1 = \Delta Q_1 / Q_0$，$q_2 = \Delta Q_2 / Q_0$。

2. 管壁传热方程线性化

将管壁传热方程式（6-3）根据泰勒公式展开，线性化处理得

$$\Delta Q_2 = \left[K_2 D^m a_2 \left(T_j - T \right) \right]' = m K_2 D_0^{m-1} a_2 \left(T_j - T \right)_0 \Delta D + K_2 D_0^m a_2 \left(\Delta T_j - \Delta T \right)$$

$$(6\text{-}16)$$

对式（6-16）两边同时除以 Q_0，得

$$\frac{\Delta Q_2}{Q_0} = \frac{m K_2 D_0^{m-1} a_2 \left(T_j - T \right)_0 \Delta D}{K_2 D_0^m a_2 \left(T_j - T \right)_0} + \frac{K_2 D_0^m a_2 \Delta T_j}{K_2 D_0^m a_2 \left(T_j - T \right)_0} - \frac{\alpha_{20} a_2 \Delta T}{D_0 c_p \cdot \dfrac{T_{20} - T_{10}}{l}} \quad (6\text{-}17)$$

将式（6-17）用相对量来表示，有

$$q_2 = md + \theta_j - a_d \eta \tag{6-18}$$

式中，d 为流量的相对变量，$d = \Delta D / D_0$；a_d 为动态参数，$\alpha_d = \alpha_2 A_2 / D_0 c_p$；$\eta$ 为介质焓的相对变量，$\eta = \Delta H / \left(H_{20} - H_{10} \right) \approx \Delta T / \left(T_{20} - T_{10} \right)$。

3. 能量守恒方程线性化

将能量守恒方程式（6-5）根据泰勒公式展开，线性化处理得

$$\Delta Q_2 = \left(\frac{\partial H}{\partial y} \right)_0 \Delta D + D_0 \frac{\partial \Delta H}{\partial y} + F \rho \frac{\partial \Delta H}{\partial \tau} - F \frac{\partial \Delta P}{\partial \tau} \tag{6-19}$$

介质在稳态工况下，根据式（6-13），有

$$\left(\frac{\partial H}{\partial y} \right)_0 = \frac{H_{20} - H_{10}}{l} = \frac{Q_0}{D_0} \tag{6-20}$$

对式（6-20）两边同时除以 Q_0，得

$$\frac{\Delta Q_2}{Q_0} = \frac{Q_0}{D_0} \cdot \frac{\Delta D}{Q_0} + D_0 \frac{\partial \Delta H}{\partial y} \cdot \frac{l}{D_0 \left(H_{20} - H_{10} \right)} + F \frac{1}{v_0} \frac{\partial \Delta H}{\partial \tau} \cdot \frac{l}{D_0 \left(H_{20} - H_{10} \right)} - \frac{F P_0}{Q_0} \frac{\partial \Delta P}{P_0 \partial \tau}$$

$$(6\text{-}21)$$

将式（6-21）用相对量来表示，有

$$q_2 = d + l \frac{\partial \eta}{\partial y} + \tau_0 \frac{\partial \eta}{\partial \tau} - \frac{F P_0}{Q_0} \frac{\mathrm{d} p}{\mathrm{d} \tau} \tag{6-22}$$

式中，p 为压力的相对变量，$p = \Delta P / P_0$；τ_0 为工质流过受热管的时间，$\tau_0 = F_1 / D_0$，$v_0 = 1 / \overline{w}$。

4. 状态方程线性化

将状态方程式（6-8）根据泰勒公式展开，线性化处理得

$$\Delta v = \left(\frac{\partial v}{\partial H} \right)_0 \Delta H + \left(\frac{\partial v}{\partial P} \right)_0 \Delta P \tag{6-23}$$

5. 质量守恒方程线性化

将质量守恒方程式（6-7）根据泰勒公式展开，线性化处理得

$$\frac{\partial \Delta D}{\partial y} = \frac{F}{v_0^2} \cdot \frac{\partial \Delta v}{\partial \tau} \tag{6-24}$$

由式（6-23）可得

$$\frac{\partial \Delta v}{\partial \tau} = \left(\frac{\partial v}{\partial H}\right)_0 \cdot \frac{\partial \Delta H}{\partial \tau} + \left(\frac{\partial v}{\partial P}\right)_0 \cdot \frac{\partial \Delta P}{\partial \tau} \tag{6-25}$$

将式（6-25）代入式（6-24），并将两边同时除以 D_0，得

$$\frac{\partial \frac{\Delta D}{D_0}}{\partial y} = \frac{F}{D_0 v_0^2} \cdot \left(\frac{\partial v}{\partial H}\right)_0 \cdot \frac{\partial \Delta H}{\partial \tau} + \frac{F}{D_0 v_0^2}\left(\frac{\partial v}{\partial P}\right)_0 \cdot \frac{\partial \Delta P}{\partial \tau} \tag{6-26}$$

将式（6-26）用相对量表示，可得

$$\frac{\partial d}{\partial y} = \frac{F(H_{20} - H_{10})}{D_0 v_0^2} \cdot \left(\frac{\partial v}{\partial H}\right)_0 \cdot \frac{\partial \eta}{\partial \tau} + \frac{FP_0}{D_0 v_0^2}\left(\frac{\partial v}{\partial P}\right)_0 \cdot \frac{\partial p}{\partial \tau} \tag{6-27}$$

6.1.4 传递函数模型的导出

为得到焓 η 的表达式，需要消去式（6-15）、式（6-18）、式（6-22）以及式（6-27）中的中间变量。以时间 τ 为自变量，先对式中各变量进行拉氏变换（时间算子 s）。

$$\begin{cases} q_1(s) - q_2(y,s) = T_m s \theta_j(y,s) \\ q_2(y,s) = md(y,s) + \theta_j(y,s) - a_d \eta(y,s) \\ q_2(y,s) = d(y,s) + l\frac{\partial \eta(y,s)}{\partial y} + \tau_0 s \eta(y,s) - \frac{FP_0}{Q_0} sp(s) \\ \frac{\partial d(y,s)}{\partial y} = \frac{F(H_{20} - H_{10})}{D_0 v_0^2}\left(\frac{\partial v}{\partial H}\right)_0 s\eta(y,s) + \frac{FP_0}{D_0 v_0^2}\left(\frac{\partial v}{\partial P}\right)_0 sp(s) \end{cases} \tag{6-28}$$

引入相对空间长度坐标 $\zeta = y/l$，$y = 0$，$\zeta = 0$，表示受热管的入口处；$y = 1$，$\zeta = 1$，表示受热管的出口处。式（6-28）表示成空间相对长度坐标 ζ 的形式，再对诸式中的变量以 ζ 为自变量进行拉氏变换（时间算子 z），并考虑上述边界值，得

$$\begin{cases} \frac{q_1(s)}{z} - q_2(z,s) = T_m s \theta_j(z,s) \\ q_2(z,s) = md(z,s) + \theta_j(z,s) - a_d \eta(z,s) \\ q_2(z,s) = d(z,s) + z\eta(z,s) - \eta_1(s) + \tau_0 s \eta(z,s) - \frac{FP_0}{zQ_0} sp(s) \\ zd(z,s) - d_1(s) = \frac{Fl(H_{20} - H_{10})}{D_0 v_0^2}\left(\frac{\partial v}{\partial H}\right)_0 s\eta(z,s) + \frac{1}{z} \cdot \frac{FlP_0}{D_0 v_0^2}\left(\frac{\partial v}{\partial P}\right)_0 sp(s) \end{cases}$$

$$\tag{6-29}$$

消去式（6-29）中的中间变量 q_2，θ_j，d，此过程是非常简单的四则运算，不再作具体推导，消去中间变量后整理得

$$\eta(z,s) = \frac{1}{z^2 + az + b}\Big[\frac{1}{1 + T_m s}q_1(s) + z\,\eta_1(s) - \frac{1 + (1 - m)T_m s}{1 + T_m s}d_1(s) - \frac{c}{z} + \frac{FP_0}{Q_0}sp(s)\Big]$$

$$(6\text{-}30)$$

式中

$$a = \tau_0 s + \frac{a_d T_m s}{1 + T_m s};$$

$$b = \frac{1 + (1 - m)T_m s}{1 + T_m s}T_c s;$$

$$c = \Big[\frac{1 + (1 - m)T_m s}{1 + T_m s}\Big]\Big[\frac{FlP_0}{D_0 v_0^2}\Big(\frac{\partial v}{\partial P}\Big)_0\Big]sp(s);$$

$$T_c = \frac{Fl(H_{20} - H_{10})}{D_0 v_0^2}\Big(\frac{\partial v}{\partial H}\Big)_0;$$

其中，T_c 称为单相介质可压缩性的贮存时间常数。

对式（6-30）中的算子 z 进行反拉氏变换，得

$$\eta(\xi,s) = \frac{1}{1 + T_m S}e^{-\frac{a}{2}}\frac{\mathrm{sh}B\xi}{B}q_1(s) + e^{-\frac{a}{2}}\Big(\mathrm{ch}B\xi - \frac{a}{2B}\mathrm{sh}B\xi\Big)n_1(s) - \frac{1 + (1 - n)T_m s}{1 + T_m s}e^{-\frac{a}{2}}\frac{\mathrm{sh}B\xi}{B}d_1(s)$$

$$- \Big\{\frac{c}{b}\Big[1 - e^{-\frac{a}{2}}\Big(\mathrm{ch}B\xi + \frac{a}{2B}\mathrm{sh}B\xi\Big]\Big] - \frac{FP_0}{Q_0}e^{-\frac{a}{2}}\frac{\mathrm{sh}B\xi}{B}s\Big\}p(s) \qquad (6\text{-}31)$$

式中，$B = \sqrt{\dfrac{a^2}{4} + b}$。

式（6-31）表示单相受热管在任何空间相对坐标处的焓 $\eta(\xi,s)$ 与受热管的热流量 $q_1(s)$、入口焓 $\eta_1(s)$、入口流量 $d_1(s)$ 及压力 $p(s)$ 间的动态关系。现代控制工程应用中，研究出口焓 η_2 的变化规律即可，将 $\xi = 1(y = l)$ 代入式（6-31），得

$$\eta_2(s) = \frac{1}{1 + T_m S}e^{-\frac{a}{2}}\frac{\mathrm{sh}B}{B}q_1(S) + e^{-\frac{a}{2}}\Big(\mathrm{ch}B - \frac{a}{2B}\mathrm{sh}B\Big)n_1(s) + \frac{1 + (1 - n)T_m s}{1 + T_m s}e^{-\frac{a}{2}}\frac{\mathrm{sh}B}{B}d_1(s) -$$

$$\Big\{\frac{c}{b}\Big[1 - e^{-\frac{a}{2}}\Big(\mathrm{ch}B + \frac{a}{2B}\mathrm{sh}B\Big)\Big] - \frac{FP_0}{Q_0}e^{-\frac{a}{2}}\frac{\mathrm{sh}B}{B}s\Big\}p(s) \qquad (6\text{-}32)$$

由于式（6-32）过于复杂且应用困难，故需要做一些简化。对于只有液相工质的分段较细的再热器，可以假定介质比容 v 保持不变，并取整个区段进出口处的算术平均值，因此，有 $T_c = 0$，$b = 0$，$c = 0$，所以，式（6-32）可以简化为式（6-33）。

$$\eta_2(s) = e^{-\tau_0 s - \frac{a_d T_m s}{1 + T_m s}}\eta_1(s) - \frac{1 + (1 - m)T_m s}{T_a s(1 + T_b s)}\Big(1 - e^{-\tau_0 s - \frac{a_d T_m s}{1 + T_m s}}\Big)d_1(s) +$$

$$\frac{1}{T_a s(1+T_b s)}(1-e^{-\tau_0 s-\frac{a_d T_m s}{1+T_m s}})q_1(s) \tag{6-33}$$

式中，$T_a=\tau_0+a_d T_m$，$T_b=\dfrac{\tau_0 T_m}{\tau_0+a_d T_m}$。

因此，入口焓扰动通道、介质流量扰动通道和烟气量扰动通道的传递函数分别为

$$\frac{\eta_2(s)}{\eta_1(s)}=e^{-\tau_0 s-\frac{a_d T_m s}{1+T_m s}} \tag{6-34}$$

$$\frac{\eta_2(s)}{d(s)}=-\frac{1+(1-m)T_m s}{T_a s(1+T_b s)}(1-e^{-\tau_0 s-\frac{a_d T_m s}{1+T_m s}}) \tag{6-35}$$

$$\frac{\eta_2(s)}{q_1(s)}=\frac{1}{T_a s(1+T_b s)}(1-e^{-\tau_0 s-\frac{a_d T_m s}{1+T_m s}}) \tag{6-36}$$

6.1.5 单相受热管分布参数传递函数模型的简化

可以看出，式（6-34）~式（6-36）仍包含不便计算的超越函数，故在实际使用前需要将函数作线性化处理。利用泰勒级数展开后的低阶逼近简化方法，可得到单相受热管分布参数模型的线性化解，如式（6-37）所示。

$$\eta_2(s)=\frac{K_\eta}{(1+T_\eta s)^{n_\eta}}\eta_1(s)+\frac{K_d}{(1+T_d s)^{n_d}}d_1(s)+\frac{K_q}{(1+T_q s)^{n_q}}q_1(s) \tag{6-37}$$

将 $\dfrac{K}{(1+Ts)^n}$ 在 $s=0$ 处展开为泰勒级数，有

$$\frac{K}{(1+Ts)^n}=K-KnTs+\frac{Kn(n+1)T^2}{2}s^2+L \tag{6-38}$$

各扰动通道的传递函数在 $s=0$ 处展开为泰勒级数的展开形式如下：

1）入口焓扰动通道的传递函数在 $s=0$ 处展开为泰勒级数，得

$$e^{-\tau_0 s-\frac{a_d T_m s}{1+T_m s}}=1+(-\tau_0-a_d T_m)s+\frac{(\tau_0+a_d T_m)^2+2a_d T_m{}^2}{2}s^2+L \tag{6-39}$$

利用两个展开的泰勒级数对应的低阶项相等，最后解得

$$\begin{cases} K_\eta=1 \\ n_\eta=\dfrac{(\tau_0+a_d T_m)^2}{2a_d T_m^2} \\ T_\eta=\dfrac{1}{n}(\tau_0+a_d T_m) \end{cases} \tag{6-40}$$

2）流量扰动通道的传递函数在 $s=0$ 处展开为泰勒级数，得

$$-\frac{1+(1-m)T_m s}{T_a s(1+T_b s)}(1-e^{-\tau_0 s-\frac{a_d T_m s}{1+T_m s}})=-1+\left[\frac{1}{2}(\tau_0+a_d T_m)+mT_m\right]s-\frac{1}{2}\left\{\frac{1}{3}(\tau_0+a_d T_m)^2+\right.$$

$$\left[(2+a_d)m+a_d\right]T_m^2+\tau_0 mT_m\Big\}s^2+L \tag{6-41}$$

利用两个展开的泰勒级数对应的低阶项相等，最后解得

$$\begin{cases} K_d = -1 \\ n_d = \dfrac{A_d^2}{B_d-A_d^2} \\ T_d = \dfrac{A_d}{n_d} \end{cases} \tag{6-42}$$

式中

$$A_d = \frac{1}{2}(\tau_0+a_dT_m)+mT_m;$$

$$B_d = \frac{1}{3}(\tau_0+a_dT_m)^2+\left[(2+a_d)m+a_d\right]T_m^2+\tau_0 mT_m。$$

3）吸热量扰动通道的传递函数在 $s=0$ 处展开为泰勒级数，得

$$-\frac{1}{T_a s(1+T_b s)}\left(1-e^{-\tau_0 s-\frac{a_d T_m s}{1+T_m s}}\right)=1+\left[\frac{1}{2}(\tau_0+a_dT_m)+T_m\right]s-\frac{1}{2}\left[\frac{1}{3}(\tau_0+a_dT_m)^2+\right.$$
$$\left.2(a_d+1)T_m^2+\tau_0 T_m\right]s^2+L \tag{6-43}$$

利用两个展开的泰勒级数对应的低阶项相等，最后解得

$$\begin{cases} K_q = 1 \\ n_q = \dfrac{A_q^2}{B_q-A_q^2} \\ T_q = \dfrac{A_q}{n_q} \end{cases} \tag{6-44}$$

式（6-44）中

$$A_q = \frac{1}{2}(\tau_0+a_dT_m)+T_m;$$

$$B_q = \frac{1}{3}(\tau_0+a_dT_m)^2+2(a_d+1)T_m^2+\tau_0 T_m。$$

由式（6-40）、式（6-42）、式（6-44）可知，传递函数的放大增益 K 都为 1，故只要求出阶数 n 和时间常数 T，便可得到单相受热管分布参数模型，而这两个参数又只与 α_d、τ_0 和 T_m 有关，且有

$$a_d = \frac{\alpha_2 A_2}{D_0 c_p} \tag{6-45}$$

$$\tau_0 = \frac{l}{w} \tag{6-46}$$

$$T_m = \frac{M_j c_j}{\alpha_2 A_2} \tag{6-47}$$

也就是说，根据式（6-45）~ 式（6-47），仅凭锅炉的设计参数或运行参数（金属总质量 M_j、金属比热容 c_j、放热系数 α_2、总内表面积 A_2、受热管总长 l、工质平均流速 $\bar{w}$、工质流量 D、工质比热容 c_p），便可计算出单相受热管的分布参数模型的参数值。

若三个模型输入分别定义传递函数为

$$G_\eta(s) = \frac{\eta_2(s)}{\eta_1(s)} = \frac{1}{(1 + T_\eta s)^{n_\eta}} \tag{6-48}$$

$$G_d(s) = \frac{\eta_2(s)}{d_1(s)} = -\frac{1}{(1 + T_d s)^{n_d}} \tag{6-49}$$

$$G_q(s) = \frac{\eta_2(s)}{q_1(s)} = \frac{1}{(1 + T_q s)^{n_q}} \tag{6-50}$$

则单相受热管的分布参数模型可表示为更便于应用的形式

$$\eta_2(s) = G_\eta(s)\eta_1(s) + G_d(s)d_1(s) + G_q(s)q_1(s) \tag{6-51}$$

可见，该模型有三个输入和一个输出，该模型的输入输出方框图如图 6-3 所示。

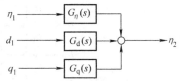

图 6-3　单相受热管分布参数的标幺值模型

6.1.6　单相受热管简化模型的工程应用问题与解决方法

1. 标幺值模型转换为实际值模型

在电力系统分析计算中，广泛地采用标幺制。标幺制是相对单位制的一种，在标幺制中，各物理量都用标幺值表示。标幺值定义给出如下：

$$\text{标幺值} = \frac{\text{实际有名值}}{\text{基准值}} \tag{6-52}$$

由定义式可知，标幺值是一个没有量纲的数值，其数值大小取决于基准值的大小，其意义在于表示实际有名值与基准值的比例。

单相受热管的分布参数模型的输入输出变量定义为

$$\begin{cases} \eta_1 = \dfrac{\Delta H_1}{H_{20} - H_{10}} = \dfrac{H_1 - H_{10}}{H_{20} - H_{10}} \\[3mm] d_1 = \dfrac{\Delta D_1}{D_0} = \dfrac{D_1 - D_0}{D_0} \\[3mm] q_1 = \dfrac{\Delta Q_1}{Q_0} = \dfrac{Q_1 - Q_0}{Q_0} \\[3mm] \eta_2 = \dfrac{\Delta H_2}{H_{20} - H_{10}} = \dfrac{H_2 - H_{20}}{H_{20} - H_{10}} \end{cases} \tag{6-53}$$

与标幺值定义对比，可确定各变量都是标幺值，所以式（6-51）给出的单相受热管的分布参数模型就是标幺值模型。正因为是标幺值模型，所以其各通道的传递函数的放大增益 K 始终为1。也正因为这个特性，单相受热管的分布参数模型不能在工程应用中直接套用。一旦套用，将导致把标幺值模型当实际值模型使用的错误，即使用增益总为1的错误模型。不难推断，依据增益总为1的模型来整定实际增益不一定为1的实际过程的控制器参数将会直接带来控制过程失控的风险。总之，单相受热管的分布参数模型用于实际工程时，应当考虑标幺值模型转化为实际值模型的问题。

根据式（6-53）导出单相受热管分布参数的实际值模型如图6-4所示。由图可见，实际值模型的输入输出量均是以实际有名单位表示的物理量，而标幺值模型中变量（η_1、d_1、q_1、η_2）是没有实际物理量纲的标幺值，W_{H1}、W_D、W_Q 以及 W_{H2} 代表的就是它们之间的转换关系。

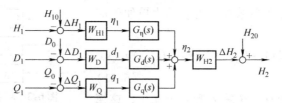

图6-4　单相受热管分布参数的实际值模型

由式（6-53），得到的 W_{H1}、W_D、W_Q 以及 W_{H2} 的表达式如下

$$\begin{cases} W_{H1} = \dfrac{1}{H_{20} - H_{10}} \\[2mm] W_D = \dfrac{1}{D_0} \\[2mm] W_Q = \dfrac{1}{Q_0} \\[2mm] W_{H2} = H_{20} - H_{10} \end{cases} \tag{6-54}$$

2. 焓值转换为温度值

可以注意到，单相受热管分布参数的实际值模型中有变量焓。焓是一个不可测得的量，需要由温度和压力参数换算或查表得出，这不便于工程应用。所以，找到焓值与可直接测量到的温度之间的转换关系是实际工程应用的需要。

由于管内工质沿管长方向的压力降相对于工质的工作压力要小很多，所以可假定管段内的压力是不变的。由 $\Delta H = c_p \Delta T$，可得焓值转换为温度值的关系式为

$$\begin{cases} \eta_1 = \dfrac{H_1 - H_{10}}{H_{20} - H_{10}} = \dfrac{T_1 - T_{10}}{T_{20} - T_{10}} \\[3mm] \eta_2 = \dfrac{H_2 - H_{20}}{H_{20} - H_{10}} = \dfrac{T_2 - T_{20}}{T_{20} - T_{10}} \end{cases} \tag{6-55}$$

据式（6-55），可得到单相受热管分布参数的标幺值模型转换为以温度值为变量的实际值的关系式为

$$\begin{cases} W_{T1} = \dfrac{1}{T_{20} - T_{10}} \\[2mm] W_D = \dfrac{1}{D_0} \\[2mm] W_Q = \dfrac{1}{Q_0} \\[2mm] W_{T2} = T_{20} - T_{10} \end{cases} \tag{6-56}$$

3. 过程控制量与模型输入量之间的转换（以烟气挡板调温为例）

单相受热管的分布参数模型的输入变量并不一定是过程控制的可自动或人工操作的变量。例如，再热汽温控制时可通过操作挡板开度来调节再热器出口的汽温，这个挡板开度并不是单相受热管分布参数模型的输入变量。因此，若将单相受热管分布参数模型用于再热汽温挡板调节控制工程，则首先要解决过程控制量与模型输入量之间的转换问题。类似的情况还出现在应用单相受热管分布参数模型研究喷水减温流量对过热汽温控制的时候。以下以烟气挡板为例探讨这类问题的解决方法。图 6-5 所示为负荷变化时由操作挡板开度来调节两烟道烟气流量的情况。

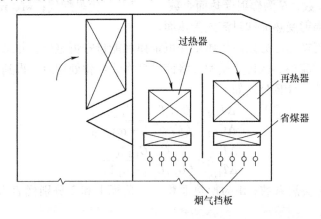

图 6-5 再热器与过热器并联的烟气挡板调节汽温装置

记锅炉燃料–负荷特性、燃料–风量特性和烟气挡板–流量特性分别为

$$B = y_B(P) \tag{6-57}$$

$$G_a = y_G(P) \tag{6-58}$$

$$\lambda = y_\lambda(0.01\theta) \tag{6-59}$$

式中，B 为燃料量；P 为机组负荷；G 为烟气或空气流量，下角标 a 代表空气；λ 为通过低再通道的烟气流量在总烟气流量中所占的比例，$\lambda \in [0,1]$；θ 为烟气挡板的开度，$\theta \in [0,100]$。

将式（6-57）~式（6-59）特性曲线拟合成多项式函数的形式，从而可得到各通道放大系数的计算公式

$$\frac{\Delta B}{\Delta P} = \frac{\partial y_{\mathrm{B}}}{\partial P}\bigg|_0 \tag{6-60}$$

$$\frac{\Delta G_{\mathrm{a}}}{\Delta P} = \frac{\partial y_{\mathrm{G}}}{\partial P}\bigg|_0 \tag{6-61}$$

$$\frac{\Delta \lambda}{\Delta \theta} = \frac{\partial y_{\lambda}}{\partial \theta}\bigg|_0 \tag{6-62}$$

根据参考文献［182］，利用质量守恒定律和能量守恒定律，建立锅炉炉内传热模型，并将其线性化，得到炉内过程各通道放大系数的计算公式如下：

$$\frac{\Delta T_{\mathrm{f}}}{\Delta B} = \frac{(Q_{\mathrm{LHV}}\eta - C_{\mathrm{p,f}}T_{\mathrm{f}})\big|_0}{\left[4\beta_{\mathrm{wf}}T_{\mathrm{f}}^3 + \sum_{i=1}^{N}4\beta_{\mathrm{rad},i}T_{\mathrm{f}}^3 + 4\beta_{\mathrm{con}}T_{\mathrm{f}}^3 + (B + G_{\mathrm{a}})C_{\mathrm{p,f}}\right]\big|_0} \tag{6-63}$$

$$\frac{\Delta T_{\mathrm{f}}}{\Delta G_{\mathrm{a}}} = \frac{(C_{\mathrm{p,a}}T_{\mathrm{a}} - C_{\mathrm{p,f}}T_{\mathrm{f}})\big|_0}{\left[4\beta_{\mathrm{wf}}T_{\mathrm{f}}^3 + \sum_{i=1}^{N}4\beta_{\mathrm{rad},i}T_{\mathrm{f}}^3 + 4\beta_{\mathrm{con}}T_{\mathrm{f}}^3 + (B + G_{\mathrm{a}})C_{\mathrm{p,f}}\right]\big|_0} \tag{6-64}$$

式中，T 为温度；Q_{LHV} 为燃料的低位发热量；η 为锅炉效率；C_{p} 为比定压热容，β 为辐射传热系数；N 为辐射受热面个数；下角标 f 代表烟气；wf、rad 和 con 分别代表水冷壁、辐射受热面和对流式受热面。

对烟气对流换热区分别应用质量守恒定律和能量守恒定律，并结合对流换热规律，建立烟气对流换热区传热模型，将该模型作线性化处理后，得到烟气对流换热区通道放大系数的计算公式如下：

$$\frac{\Delta T_{\mathrm{f,2}}}{\Delta G_{\mathrm{f,1}}} = \frac{C_{\mathrm{f}}(T_{\mathrm{f,1}} - T_{\mathrm{f,2}})\big|_0}{(G_{\mathrm{f,1}}C_{\mathrm{p,f}} + \alpha A)\big|_0} \tag{6-65}$$

$$\frac{\Delta T_{\mathrm{f,2}}}{\Delta T_{\mathrm{f,1}}} = \frac{C_{\mathrm{p,f}}G_{\mathrm{f,1}}\big|_0}{(G_{\mathrm{f,1}}C_{\mathrm{p,f}} + \alpha_{\mathrm{f}}A)\big|_0} \tag{6-66}$$

式中，α 为对流换热系数；A 为换热面积，下角标 1 和 2 分别代表入口和出口，0 代表稳态工况。

对流换热量 $Q = \alpha A(T_{\mathrm{f,2}} - T_{\mathrm{j}})$，将其线性化，可得烟气对流换热通道放大系数如下：

$$\frac{\Delta Q}{\Delta T_{\mathrm{f,2}}} = \alpha A \tag{6-67}$$

联合式（6-65）和式（6-66），可得低再对流换热区扰动通道的放大倍数为

$$\frac{\Delta Q}{\Delta G_{\mathrm{f,1}}} = \frac{\Delta Q}{\Delta T_{\mathrm{f,2}}}\frac{\Delta T_{\mathrm{f,2}}}{\Delta G_{\mathrm{f,1}}} = \frac{\alpha A C_{\mathrm{f}}(T_{\mathrm{f,1}} - T_{\mathrm{f,2}})\big|_0}{(G_{\mathrm{f,1}}C_{\mathrm{f}} + \alpha A)\big|_0} \tag{6-68}$$

$$\frac{\Delta Q}{\Delta T_{\mathrm{f,i}}} = \frac{\Delta Q}{\Delta T_{\mathrm{f,o}}}\frac{\Delta T_{\mathrm{f,o}}}{\Delta T_{\mathrm{f,i}}} = \frac{\alpha A C_{\mathrm{f}}\,G_{\mathrm{f,i}}\big|_0}{(G_{\mathrm{f,i}}C_{\mathrm{f}} + \alpha A)\big|_0} \tag{6-69}$$

负荷变化时由操作挡板开度来调节两烟道烟气流量，从而改变热流量的工艺过程通道，如图6-6所示。

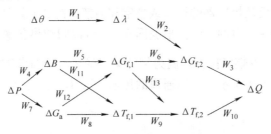

图6-6　过程控制量与模型输入量之间的转换

由图6-6，可得到

$$W_\theta = \frac{\Delta Q}{\Delta \theta} = W_1 W_2 W_3 \tag{6-70}$$

$$W_P = \frac{\Delta Q}{\Delta P} = W_3 W_4 W_5 W_6 + W_4 W_{11} W_9 W_{10} + W_4 W_5 W_{13} W_{10} + W_7 W_{12} W_{13} W_{10} +$$

$$W_7 W_{12} W_6 W_3 + W_7 W_8 W_9 W_{10} \tag{6-71}$$

由式（6-60）~式（6-69），可求出图中的放大倍数 $W_1 \sim W_{13}$，因此可求得挡板开度和负荷与热流量之间的转换关系。

4. 温度测量传感器的动态特性模型附加

热电偶是一种结构简单、性能稳定、测温范围宽的温度传感器，在冶金、热工仪表领域得到广泛应用，是目前检测温度的主要传感器之一，尤其是在检测高温时更有优势。在电厂中，对温度的测量也正是采用热电偶来测量的。

必须指出的是，热电偶的惰性在对象特性中要占一个相当大的数量级，所以必须予以考虑。假定热电偶的传递函数为

$$G_{ts} = \frac{1}{1 + T_{ts}s} \tag{6-72}$$

根据参考文献［172］，一般假定现场热电偶的时间常数约为 $T_{ts} = 30\mathrm{s}$。因此，在换热器模型的实际工程应用时，应当把热电偶的惯性特性予以考虑，如图6-7所示。

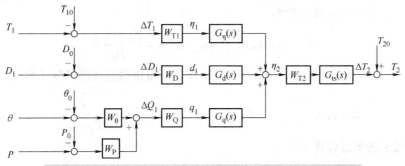

图6-7　考虑热电偶惯性的单相受热管分布参数的实际值模型

5. 单相受热管分布参数模型的通道传递函数计算

单相受热管分布参数模型在控制工程应用时，需要导出受控通道和干扰通道的传递函数，以用于反馈控制器的设计或整定和前馈控制器的设计或整定。这就需要掌握推算各通道传递函数的方法。根据图6-7，可以归纳出各输入通道的传递函数 $\overline{G}(s)$ 的计算公式。以烟气挡板调温为例的单相受热管分布参数模型的各通道的传递函数计算，如图6-8所示。具体通道的传递函数计算公式和各通道的增益计算公式如下所述。

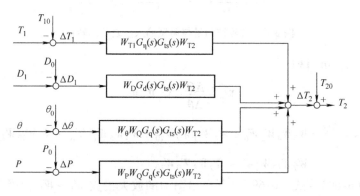

图6-8 单相受热管分布参数模型的通道传递函数模型

1）对于入口汽温输入通道，根据图6-8，可得该通道传递函数的计算公式为

$$\overline{G}_{\eta}(s) = \frac{\Delta T_2(s)}{\Delta T_1(s)} = W_{\mathrm{T1}} G_{\eta}(s) G_{\mathrm{ts}}(s) W_{\mathrm{T2}} = \frac{\overline{K}_{\eta}}{(T_{\eta}s+1)^{n_{\eta}}} \tag{6-73}$$

该通道的增益计算公式为

$$\overline{K}_{\eta} = W_{\mathrm{T1}} K_{\eta} G_{\eta}(0) G_{\mathrm{ts}}(0) W_{\mathrm{T2}} = 1 \tag{6-74}$$

2）对于蒸汽流量输入通道，根据图6-8，可得该通道传递函数计算公式为

$$\overline{G}_{\mathrm{d}}(s) = \frac{\Delta T_2(s)}{\Delta D_1(s)} = W_{\mathrm{D}} W_{\mathrm{T2}} G_{\mathrm{d}}(s) G_{\mathrm{ts}}(s) = \frac{\overline{K}_{\mathrm{d}}}{(T_{\mathrm{d}}s+1)^{n_{\mathrm{d}}}} \tag{6-75}$$

该通道的增益计算公式为

$$\overline{K}_{\mathrm{d}} = W_{\mathrm{D}} W_{\mathrm{T2}} G_{\mathrm{d}}(0) G_{\mathrm{ts}}(0) = -\frac{T_{20} - T_{10}}{D_0} \tag{6-76}$$

3）对于挡板开度输入通道，根据图6-8，可得该通道传递函数计算公式为

$$\overline{G}_{\theta}(s) = \frac{\Delta T_2(s)}{\Delta \theta(s)} = W_{\theta} W_{\mathrm{Q}} W_{\mathrm{T2}} G_{\mathrm{q}}(s) G_{\mathrm{ts}}(s) = \frac{\overline{K}_{\theta}}{(T_{\mathrm{q}}s+1)^{n_{\mathrm{q}}}} \tag{6-77}$$

该通道的增益计算公式为

$$\overline{K}_\theta = W_\theta W_Q W_{T2} G_q(0) G_{ts}(0) = \frac{W_\theta}{D_0 c_p} \tag{6-78}$$

4）对于锅炉负荷输入通道，根据图6-8，可得该通道传递函数计算公式为

$$\overline{G}_P(s) = \frac{\Delta T_2(s)}{\Delta P(s)} = W_P W_Q W_{T2} G_q(s) G_{ts}(s) = \frac{\overline{K}_P}{(T_q s + 1)^{n_q}} \tag{6-79}$$

该通道的增益计算公式为

$$\overline{K}_P = W_P W_Q W_{T2} G_q(0) G_{ts}(0) = \frac{W_P}{D_0 c_p} \tag{6-80}$$

6.1.7 单相受热管分布参数简化模型的误差分析与准确度评价

1. 理想化假定条件的误差分析

单相受热管分布参数模型机理分析建模时，先假定了六项理想化条件。这些条件成就了单相受热管分布参数模型，同时也带来了单相受热管分布参数模型的先天缺陷性误差。以下不妨对六项理想化条件做一番简单分析：

对于第1个假定，显然是无视了联箱的存在，而联箱处的工质流动和换热过程是真实存在的。

对于第2个假定，管外热工质对管壁金属和管壁金属对管内冷工质不会只有径向传热，肯定还存在轴向传热，而且径向传热强度也是不均匀的。

对于第3个假定，由于管外热工质流动的不均匀以及换热器的联箱结构，必然存在沿管长方向的导热。

对于第4个假定，金属管壁有厚度，管外壁和管内壁处有不同的换热条件，特别是有积灰和结垢的存在，管壁之间肯定存在温度差。

对于第5个假定，管内介质在管中流动时中心区和边界区的特性并不一致，管内介质在同一横截面上不可能是均匀流速的，必有径向和切向温差。

对于第6个假定，管内介质的流动时刻受到各种因素的影响，例如，重力的变化、流动方向的变化、阻力的变化等，根本无法保证一元流动的理想状态。

综上所述，严格地说，现实条件并不符合单相受热管的分布参数模型建立的前提假设理想化条件。所以，单相受热管的分布参数模型不能完全代表单相受热管的实际过程特性，换句话说，单相受热管的分布参数模型建立的前提假设理想化条件与现实条件不严格一致必定产生一定的模型误差。

2. 模型简化误差分析

单相受热管的分布参数模型原本是以时间 τ_0 和长度 l 为自变量的偏微分方程。为了得到更便于应用的以传递函数形式的模型又进行了进一步的简化推导，这些简化推导以三项简化性假设条件为前提。下面对这些简化性假设条件做现实符合性分析。

对于第 1 个假设条件，实际情况是管外的工质流动并非均匀一致，况且热流量的大小还和温差及换热系数有关，非均匀的流动和沿管长方向的换热条件变化，决定了沿管长方向工质吸热均匀是不可能的。对于第 2 个假设条件，把原本单相受热管分布参数模型中的由动量守恒方程导出的压力变量反应项略去了，即没有考虑工质压力变化带来的影响。对于第 3 个假设条件，工质压力还是有变化的，取一个固定的定压比热 c_p 会带来模型的简化，同时也带来模型相应的误差。

把偏微分方程简化为传递函数模型，除了上述三项假设条件外，还应用了工作点附近小范围邻域的线性化简化处理。这就意味着简化后的模型在工作点附近小范围邻域可保证其准确性，但当超出工作点附近小范围邻域就会产生误差，而且超出范围越大，对应的模型误差也越大。

式（6-32）所示为单相受热管的分布参数模型的原始传递函数形式。由于变量多、函数复杂而不便应用，故在假定管内工质比容 v 保持不变的前提下进一步简化为式（6-33）。假定工质比容 v 固定不变，意味着视工质为不可压缩的。实际情况常常不是这样的，比如工质为蒸汽时，所以这一步简化也会带来一定的模型误差。

由于式（6-33）所示的传递函数模型含有超越函数，不便于工程应用，所以经泰勒公式展开后的低阶近似方法，将式（6-33）简化为式（6-37）。这种常用简化处理是将含超越函数的传递函数与不含超越函数的传递函数同时泰勒级数展开，并令它们低阶项系数相等。由于忽略了泰勒级数的高阶导数项，所以式（6-37）模型只是式（6-33）模型的低阶近似模型。

综上所述，单相受热管的分布参数模型从偏微分方程形式简化为可直接工程应用的简化传递函数模型，经过了多次模型简化处理，每一次简化必定会给单相受热管的分布参数模型带来误差，这种误差就是工程应用中应当考虑的模型简化误差。

3. 单相受热管分布参数模型的准确度评价

尽管如上所述，单相受热管分布参数模型具有先天的两大类误差源（假定前提误差和模型简化误差），但是单相受热管分布参数模型的准确度一直被认为是相当高的。参考文献［174］提出了根据单相受热管分布参数模型导出的过热汽温模型，发表已有 24 年，至今在知网上已有了下载 1813 次、引用 383 次的记录。业内已公认参考文献［174］所提出的锅炉汽温模型是锅炉汽温控制研究的经典模型。另一方面，该案例也表明单相受热管分布参数模型方法有一定的准确度和工程应用价值。参考文献［176］已将用单相受热管分布参数模型方法计算出的过热器模型和用实验建模法得到的模型做了模型参数的比较，其结果是阶数值的偏差值不超过 1，n_T 值的偏差小于 5%。可见，至少在惯性时间常数上，单相受热管分布参数模型有足够高的准确度。但是在模型增益参数上，尚未见有研究文献报道。这或许是因为前述的工程应用瓶颈问题（标幺值模型转换为实际值模型的问题和过程控制量与模型输入量的换算问题）尚未解决的缘故。

单相受热管分布参数模型是通用的换热器受控模型，其工程应用的模型结构常选为多容惯性形式或单容时滞形式，主要参数可归结为增益和总惯性时间常数这两个性能参数。只要这两个参数准确度达到控制器设计和整定的精度要求，就认为所建模型准确度达标。因此，不妨将已有研究文献中用机理建模法和实验建模法获得的模型结果做一对比，以便评估单相受热管分布参数模型的准确度。以喷水－汽温模型为例，由于前述的单相受热管分布参数模型方法应用技术上的瓶颈问题，模型增益参数大多计算不准，所以这里仅比较模型的总惯性时间常数。

总惯性时间常数的计算式为

$$T_z = nT + \tau \tag{6-81}$$

根据参考文献［145，174，176，184－189］提供的模型参数，按式（6-81）计算，可得到表6-1所示结果。

表6-1 喷水－汽温模型的总惯性时间对比

建模方法	作者	电厂	锅炉	过热器	负荷点	总惯性时间/s
机理	范永胜[174]		600MW 超临界直流炉		37% 50% 75% 100%	956 345 230 146
机理	李旭[176]		300MW		100%	316
实验	施海平[184]	嘉兴1#	300MW 亚临界汽包炉	1级	200MW 250MW 300MW	209 180 158
实验	施海平[184]	嘉兴1#	300MW 亚临界汽包炉	2级	250MW 300MW	163 142
实验	时维龙[185]	菏泽1期	超临界600 MW 直流炉	1级	100%	620
实验	时维龙[185]	菏泽1期	超临界600 MW 直流炉	2级	100%	368
实验	丁艳军[186]	长兴2#	300MW 亚临界	2级	290MW 260MW 240MW 210MW 180MW	133 199 211 214 254
实验	于海东[187]	达特拉14#	亚临界汽包炉		100%	327

（续）

建模方法	作者	电厂	锅炉	过热器	负荷点	总惯性时间/s
实验	文群英[188]	襄樊 2#	300MW 亚临界汽包炉		100%	145
实验	沈赫男[189]	潍坊 2#			100%	186
实验	张小桃[145]	华能福州	350MW		350MW	352
					300MW	278
					280MW	350

由表 6-1 可见，实验法模型的总惯性时间常数变化范围是（133，620），机理法模型的总惯性时间常数变化范围是（146，956），至少是在同一数量级。若按 300MW 比较，则实验法模型的平均数是 171，而机理法模型是 316，有差数 145。若按 600MW 满负荷工况比，则实验法模型的平均数是 492，而机理法模型是 146，有差数 346，可见数据是分散的。如果认为实验法模型的参数更为准确，那么机理法模型的误差就可能来源于前述的假定前提条件误差和模型简化误差。当然，过热器的设计参数或运行参数也有可能计算不准确。例如，总内表面积并不容易统计准确。另一方面，实验法模型也存在误差，无论是数据采样还是拟合计算都不可避免地带来误差。由表 6-1 可见，对于同一个 300MW 锅炉，实验法模型的总惯性时间参数的数据分散在（142，327），说明实验法模型的准确度也不高。由此看来，单相受热管分布参数模型的准确度在总惯性时间参数上已和实验法模型的准确度是同一数量级。

6.2 再热器汽温动态过程的机理建模

6.2.1 再热汽温系统的影响因素

锅炉再热器由低温再热器和高温再热器两级组成，如图 6-5 所示。低温再热器位于烟井前烟道竖井中，高温再热器位于末级过热器后的水平烟道上，因此炉内的各种变化都会影响再热器的出口温度。根据前人的现场经验，以下分别对低温再热器和高温再热器的主要影响因素进行分析。

1. 低温再热汽温系统的影响因素

影响低温再热器出口温度的因素有很多，以下归纳了几种主要的影响因素：

1）机组负荷的影响：机组负荷的变化对低温再热器的出口温度影响较大。当机组负荷发生变化时，为保证机组安全稳定运行，燃料量会随之发生变化，烟气流量随着燃料量的增减相应变化，导致进入低温再热器的烟气流量发生改变，从而影响低温再热器的出口温度。

2）高压缸排汽温度的影响：低温再热器入口工质状况取决于汽轮机高压缸排

汽工况,其压力要比过热蒸汽压力小得多,因此比热容也要明显小于过热蒸汽,这使得机组工况发生变化时,再热汽温要比过热汽温变化幅度大。当发电机组定压运行时,高压缸排汽温度会随着机组负荷的增加而升高,故低温再热器的入口温度也会相应升高,最终导致低温再热器的出口温度升高。

3) 蒸汽流量的影响:当蒸汽流量发生扰动时,进入低温再热器的入口蒸汽流量将会相应地发生变化。由于再热器属于纯对流特性,故当入口蒸汽流量发生变化时,低温再热器出口温度也会相应地发生变化。

4) 挡板开度的影响:通过改变烟气挡板的开度,增大或减小流经低温再热器的烟气流量,从而升高或降低低温再热器的出口蒸汽温度。当再热器出口温度低于机组的设定值时,可增大烟气挡板的开度,从而使再热汽温升高,达到设计值。反之当再热汽温过高时,可减小再热烟气挡板的开度,从而使再热汽温降低,达到设计值。

2. 高温再热汽温系统的影响因素

高温再热器出口温度的影响因素也有很多,可对其主要影响因素归纳如下:

1) 机组负荷的影响:高温再热器是纯对流受热面,位于末级过热器后水平烟道上,机组负荷的变化会对高温再热器出口温度产生较大的影响。当机组负荷增大时,燃料量会增加,水平烟道内的烟气流量会增多,换热量增大,进而使高温再热器的出口温度升高。

2) 低温再热器出口汽温的影响:高温再热器入口工质状况取决于低温再热器出口工况,低温再热器出口温度升高时,高温再热器的入口温度也会相应升高,最终导致高温再热器的出口温度升高。

3) 蒸汽流量的影响:高温再热器位于水平烟道,纯对流受热面,当进入高温再热器的蒸汽流量发生变化时,换热量也会跟着增多或减少,进而高温再热器出口温度也会跟着发生变化。

由以上的分析可知,再热汽温系统的影响因素众多,且彼此存在着较强的耦合关系,因此建立精准的再热汽温模型是十分有必要的。

6.2.2 再热汽温过程机理建模

再热汽温系统实质是一个风烟-蒸汽换热器,蒸汽和烟气分别在管内和管外流动,管内流动的工质在受热过程中不会发生相变,因此再热汽温系统的机理建模可套用6.1节所述的单相受热管机理建模方法。

1. 再热汽温过程模型框架的确定

再热汽温系统是一个典型的多变量系统,其内在机理比较复杂,影响因素也众多。由于再热器是由低温再热器和高温再热器两级组成的,所以需要对其分别进行建模。安徽田集电厂锅炉的再热器采用的是烟气挡板法,即通过调节尾部挡板开度来调节低温再热器的入口烟气流量,因此选用挡板开度和机组负荷一起作为低温再热器的输入量,以此来表示热流量对再热汽温的影响。因此低温再热系统模型的输入选用入口蒸汽温度 ΔT_1、入口蒸汽流量 ΔD_1、烟气挡板开度 $\Delta\theta$ 以及机组负荷 ΔP。由于热流量是一个不可测得的值，所以高温再热器选用机组负荷来代替热流量作为模型的输入，因此高温再热系统模型的输入选用低温再热器出口温度 ΔT_2、入口蒸汽流量 ΔD_1 以及机组负荷 ΔP，高温再热器出口蒸汽温度 ΔT_3 为输出，确定的再热汽温系统模型框架图如图 6-9 所示。各通道的传递函数关系式用 $\Delta G_1(s) \sim G_7(s)$ 表示。

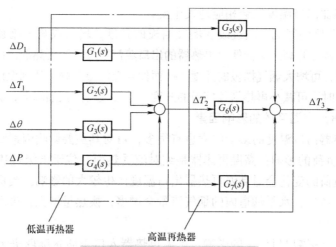

图 6-9　再热汽温系统模型框架图

2. 再热器结构参数和热力参数（以某电厂的 660MW 超超临界压力锅炉为例）

由第 6.1 节单相受热管机理分析可知，再热汽温系统机理建模只需锅炉的设计参数和运行参数便可计算得出。某电厂的 660MW 超超临界压力锅炉各级再热器的结构布置如下：低温再热器顺列排列，与烟气成逆流布置，共 134 片，沿炉膛宽度均布，S_1 为 140mm，S_2 为 110mm。每片受热面由 7 根管子组成，总计有 938 根管子，管子规格为 $\phi63.5\times4.0$mm。高温再热器分成冷热段，与烟气成顺流布置，共 82 片，沿炉膛宽度均布，S_1 为 224mm，S_2 为 114.3mm。每片受热面由 10 根管子组成，总计 820 根管子，管子规格为 $\phi57.2\times4.0$mm。再热器管束排列的方式如图 6-10 所示。

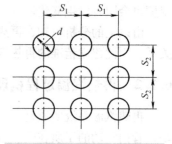

图 6-10　再热器管束排列方式

查阅某电厂 660MW 超超临界压力锅炉的产品说明书，经过一系列计算，得到该锅炉再热器的结构参数和热力参数，见表 6-2 和表 6-3。

表 6-2　某电厂 660MW 直流锅炉再热器结构参数

名称	数量/根	规格/mm	长度 l/m	内表面积 A_2/m²	质量 M_j/kg
低温再热器	134×7	$\phi63.5\times4.0$	52.103	8517.03	995200
高温再热器	82×10	$\phi57.2\times4.0$	26.968	3416.31	248800

表 6-3　某电厂 660MW 直流锅炉再热器热力参数

参数	单位	低温再热器	高温再热器
工质流量 D_0	kg/s	432	432
工质比热容 c_p	kJ/(kg·℃)	2.08	1.38
传热系数 α_2	kJ/(m²·s℃)	0.37	0.65
金属比热容 c_j	kJ/(kg·℃)	0.63	0.66
工质平均流速 $\overline{w}$	m/s	13.11	24.70
进口温度 T_{10}	℃	352	510
出口温度 T_{20}	℃	510	623

3. 传递函数的求取

由图 6-9 可知，再热器对象有七个待辨识的传递函数，为 $G_1(s) \sim G_7(s)$，其中 $G_1(s) \sim G_4(s)$ 是低温再热器的模型，$G_5(s) \sim G_7(s)$ 为高温再热器的模型。根据 6.1 节内容可知 [由式（6-73）、式（6-75）、式（6-77）和式（6-79）]，每个传递函数中包含有三个未知参数，即放大倍数 K、时间常数 T 以及模型阶数 n，故整个再热汽温系统包含 21 个未知参数。

由 6.1 节给出的单相受热管通道传递函数的计算公式可知，各个通道的时间常数 T 以及模型阶数 n 均可由式（6-40）、式（6-42）、式（6-44）相应计算得出，而这两个参数又与动态参数 α_d、工质流动时间 τ_0 和金属蓄热时间 T_m 有关，因此首先需要根据式（6-45）～式（6-47），计算出这三个参数。由表 6-1 的再热器结构参数和热力参数，代入相应的值，得到的低温再热器和高温再热器相应的参数。其中，下角 l 和 h 分别代表低温再热器和高温再热器。

1）低温再热器的动态参数 α_{dl}、工质流动时间 τ_{0l} 和金属蓄热时间 T_{ml}

$$a_{dl} = \frac{\alpha_{2l}A_{2l}}{D_0 c_{pl}} = \frac{0.37 \times 8517.03}{432 \times 2.08} = 3.507$$

$$\tau_{0l} = \frac{l_1}{\overline{w_1}} = \frac{52.103}{13.11} = 3.974\text{s}$$

$$T_{ml} = \frac{M_{jl}c_{jl}}{\alpha_{2l}A_{2l}} = \frac{995200 \times 0.63}{0.37 \times 8517.03} = 198.958\text{s}$$

2）高温再热器的动态参数 α_{dh}、工质流动时间 τ_{0h} 和金属蓄热时间 T_{mh}

$$a_{dh} = \frac{\alpha_{2h}A_{2h}}{D_0 c_{ph}} = \frac{0.65 \times 3416.31}{432 \times 1.38} = 3.725$$

$$\tau_{0h} = \frac{l_h}{\overline{w_h}} = \frac{26.968}{24.70} = 1.092\text{s}$$

$$T_{mh} = \frac{M_{jh}c_{jh}}{\alpha_{2h}A_{2h}} = \frac{248800 \times 0.66}{0.65 \times 3416.31} = 73.948\text{s}$$

然后将求得的三个参数分别带到低温再热器和高温再热器各个扰动通道的计算式中，即式（6-40）、式（6-42）、式（6-44），求出各通道的时间常数 T 和阶数 n。

根据 6.1 节给出的单相受热管各通道的增益计算公式可求出各通道的放大倍数 K，其中入口汽温扰动通道和入口流量扰动通道的放大倍数 K 可分别由式（6-74）和式（6-76）进行计算，挡板开度扰动通道和机组负荷扰动通道的放大倍数 K 分别可由式（6-78）和式（6-80）进行计算，其中工艺通道的放大系数 W_θ 和 W_p 可分别由式（6-70）和式（6-71）进行计算，由于所获得的参数有限，故在计算的过程中进行了适当的估算，最后得到了各通道传递函数模型。

1）对于低温再热器蒸汽流量输入通道，将 $\alpha_{dl} = 3.507$，$T_{ml} = 198.958\text{s}$，$\tau_{0l} = 3.974\text{s}$ 代入式（6-42），得到该通道的阶数 n_1 和时间常数 T_1。

$$A_d = \frac{1}{2}(\tau_{0l} + a_{dl}T_{ml}) + mT_{ml} = \frac{1}{2}(3.974 + 3.507 \times 198.958) + 0.8 \times 198.958 = 510.026$$

$$B_d = \frac{1}{3}(\tau_{0l} + a_{dl}T_{ml})^2 + [(2 + a_{dl})m + a_{dl}]T_{ml}^2 + \tau_{0l}mT_{ml}$$

$$= \frac{1}{3}(3.974 + 3.507 \times 198.958)^2 + [(2 + 3.507) \times 0.8 + 3.507] \times$$

$$198.958^2 + 3.974 \times 0.8 \times 198.958$$

$$= 477984$$

$$n_1 = \frac{A_d^2}{B_d - A_d^2} = \frac{510.026^2}{4779834 - 510.026^2} \approx 2$$

$$T_1 = \frac{A_d}{n_1} = \frac{510.026}{2} = 255.01\text{s}$$

为得到实际值模型，根据表 6-1 提供的热力参数，代入式（6-76），得到该通道的放大增益为

$$K_1 = -\frac{T_{20} - T_{10}}{D_0} = -\frac{510 - 352}{432} = -0.366$$

因此整理得到的低温再热器蒸汽流量通道的传递函数为

$$G_1(s) = -\frac{0.036}{(255.01s + 1)^2}$$

2）对于低温再热器入口汽温输入通道，将 $\alpha_{dl} = 3.507$，$T_{ml} = 198.958\text{s}$，$\tau_{0l} = 3.974\text{s}$ 代入式（6-40），得到该通道的阶数 n_2 和时间常数 T_2 为

$$n_2 = \frac{(\tau_{0l} + a_{dl}T_{ml})^2}{2a_{dl}T_{ml}^2} = \frac{(3.974 + 3.507 \times 198.958)^2}{2 \times 3.507 \times 198.958^2} \approx 2$$

$$T_2 = \frac{1}{n_2}(\tau_{0l} + a_{dl}T_{ml}) = \frac{3.974 + 3.507 \times 198.958}{2} = 350.86\text{s}$$

根据式（6-74）得到该通道的放大增益 $K_1 = 1$，因此整理得到的低温再热器入口汽温通道的传递函数为

$$G_2(s) = \frac{1}{(350.86s + 1)^2}$$

3）对于低温再热器挡板开度输入通道，将 $\alpha_{dl} = 3.507$，$T_{ml} = 198.958\text{s}$，$\tau_{0l} = 3.974\text{s}$ 代入式（6-44），得到该通道的阶数 n_3 和时间常数 T_3 为

$$A_q = \frac{1}{2}(\tau_{0l} + a_{dl}T_{ml}) + T_{ml} = \frac{1}{2} \times (3.974 + 3.507 \times 198.958) + 198.958 = 549.818$$

$$B_q = \frac{1}{3} \times (\tau_{0l} + a_{dl}T_{ml})^2 + 2 \times (1 + a_{dl})T_{ml}^2 + \tau_{0l}T_{ml}$$

$$= \frac{1}{3} \times (3.974 + 3.507 \times 198.958)^2 + 2 \times (1 + 3.507) \times 198.958^2 + 3.974 \times 198.958$$

$$= 521740.26$$

$$n_3 = \frac{A_q^2}{B_q - A_q^2} = \frac{549.818^2}{521740.26 - 549.818^2} \approx 2$$

$$T_3 = \frac{A_q}{n_3} = \frac{549.818}{2}\text{s} = 274.91\text{s}$$

为得到实际值模型，根据表 6-1 提供的热力参数，代入式（6-78）进行计算，W_θ 的计算由式（6-70）得到，由于炉膛内的许多热力参数无法获得，比如炉膛内烟气的温度 T_f，空气的温度 T_a 以及烟气流量 G_f 等，所以需要进行适当的估算，最后得到该通道的放大增益 $K_3 = 0.668$，因此整理得到的低温再热器挡板开度通道的传递函数为

$$G_3(s) = \frac{0.668}{(274.91s + 1)^2}$$

4）对于低温再热器机组负荷输入通道，其时间常数 T 和阶数 n 与挡板开度输入通道一样，即 $T_4 = 274.91$，$n_4 = 2$。根据表 6-1 提供的热力参数，代入式（6-80）进行计算，同理炉膛内的许多热力参数无法获得，需要进行适当的估算，最后得到该通道的放大增益 $K_4 = 0.312$，因此整理得到的低温再热器挡板开度通道的传递函数为

$$G_4(s) = \frac{0.312}{(274.91s + 1)^2}$$

5）对于高温再热器蒸汽流量输入通道，将 $\alpha_{dh} = 3.725$，$T_{mh} = 73.948\text{s}$，$\tau_{0h} = 1.092\text{s}$ 代入式（6-42），用与低温再热器蒸汽流量通道同样的计算方法，求得该通道的时间常数 T_5 和阶数 n_5 分别为 $T_5 = 197.43$，$n_5 = 1$。根据表 6-1 提供的热力参数，代入式（6-76）计算得到该通道的放大增益 $K_5 = -0.19$，因此整理得到的高温再热器蒸汽流量通道的传递函数为

$$G_5(s) = -\frac{0.19}{197.43s + 1}$$

6）对于高温再热器入口汽温输入通道，将 $\alpha_{dh} = 3.725$，$T_{mh} = 73.948s$，$\tau_{0h} = 1.092s$ 代入式（6-40），用与低温再热器入口蒸汽通道同样的计算方法，得到该通道的时间常数 T_6 和阶数 n_6 分别为 $T_6 = 91.82$，$n_6 = 3$。根据式（6-74）得到该通道的放大增益 $K_6 = 1$，因此整理得到的高温再热器入口汽温通道的传递函数为

$$G_6(s) = \frac{1}{(98.72s + 1)^2}$$

7）对于高温再热器机组负荷输入通道，将 $\alpha_{dh} = 3.725$，$T_{mh} = 73.948s$，$\tau_{0h} = 1.092s$ 代入式（6-44），用与低温再热器热流量扰动通道同样的计算方法，得到该通道的时间常数 T_7 和阶数 n_7 分别为 $T_7 = 212.22$，$n_7 = 1$。根据表 6-1 提供的热力参数，代入式（6-80）进行计算，同理炉膛内的许多热力参数无法获得，需要进行适当的估算，最后得到该通道的放大增益 $K_7 = 0.182$，因此整理得到的低温再热器挡板开度通道的传递函数为

$$G_7(s) = \frac{0.182}{212.22s + 1}$$

6.3 再热器过程模型的多变量过程辨识新理论应用案例

6.3.1 再热汽温系统模型结构的确定

由图 6-9 所示机理模型可知，低温再热器的四个输入量分别为入口蒸汽流量、入口蒸汽温度、挡板开度以及机组负荷。对于工程应用来说，模型结构越简单越好，其中挡板开度和机组负荷都属于热流量这类输入量，且挡板开度是可控量而机组负荷是不可控量。若要简化模型结构，则在挡板开度量和机组负荷量两者选其一时，必然是选挡板开度量。因此，低温再热系统辨识模型可简化成一个三入一出的系统，如图 6-11 所示。由于低温再热器的入口工质流量无法直接测得，故这里用给水流量来代替。

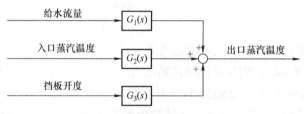

图 6-11 低温再热系统辨识模型

由图 6-9 所示再热汽温系统模型结构框架可知，高温再热系统的三个输入量分别为入口蒸汽流量、入口蒸汽温度以及机组负荷。因此高温再热系统辨识模型是一个三入一出的系统，如图 6-12 所示。同理，入口蒸汽流量用给水流量代替。

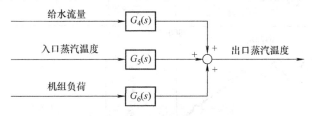

图 6-12　高温再热系统辨识模型

6.3.2　低温再热汽温过程的 MUNEAIO 建模

将某电厂 660MW 锅炉的低温再热汽温系统分为入口蒸汽温度、给水流量以及烟气挡板三个传递函数通道进行辨识。根据 DCS 数据库中保存几天的现场运行数据，筛选出四批历史数据，如图 6-13 所示，其中图 6-13a 为第 1 批数据（2015 年 3 月 31 日 10：00 ~ 11：23 的现场运行数据）；图 6-13b 为第 2 批数据（2015 年 3 月 31 日 15：30 ~ 16：53 的现场运行数据）；图 6-13c 为第 3 批数据（2015 年 3 月 31 日 22：10 ~ 23：33 的现场运行数据）；图 6-13d 为第 4 批数据（2016 年 4 月 1 日 07：00 ~ 08：23 的现场运行数据）。采样周期取为 5s，采样时长为 5000s。图 6-13 中，T_2 为低温再热器的出口温度（℃）；T_1 为低温再热器的入口温度（℃）；D 为给水流量（kg/s）；F 为烟道挡板开度（%）。

首先对选取的现场运行数据进行预处理，内容包括零初始值处理、滤波处理和野值剔除；然后在 MATLAB 仿真平台上利用 PSO 算法对低温再热汽温过程统模型进行寻优辨识计算。PSO 辨识算法的参数设置为：种群规模 $N = 100$；学习因子 $c_1 = 1.8$，$c_2 = 1.8$；惯性权重 $w = 0.729$；最大迭代次数 $G = 1000$。

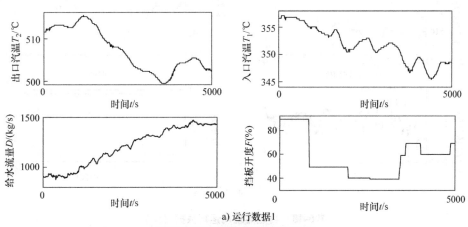

a) 运行数据1

图 6-13　再热器现场运行数据

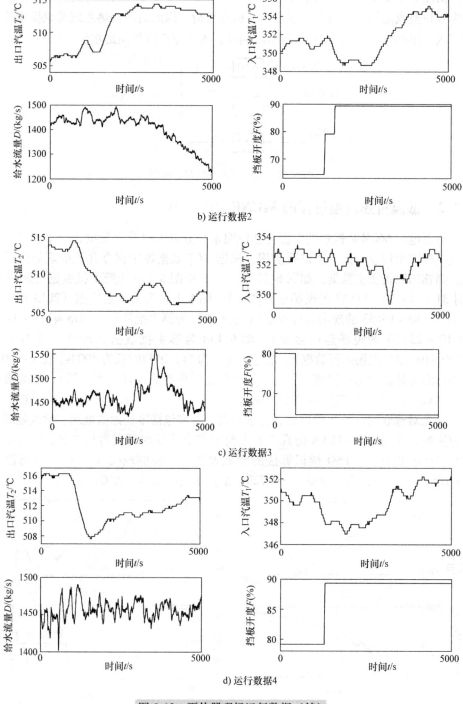

b) 运行数据2

c) 运行数据3

d) 运行数据4

图 6-13　再热器现场运行数据（续）

在对低温再热器进行模型辨识前，可参照机理建模得到的模型参数确定待辨识模型的参数范围。参照 6.2.2 节的 $G_1(s) \sim G_3(s)$，最后确定待辨识模型参数的取值范围为：$K_1 \in [-0.5, 0]$，$K_2 \in [0, 3]$，$K_3 \in [0, 2]$；$T_1 \in [70, 600]$，$T_2 \in [130, 1200]$，$T_3 \in [180, 1500]$；n_1，$n_2 \in [1, 3]$，$n_3 \in [1, 2]$，由于 n 为模型的阶次，故一般四舍五入取整数。

采用多变量系统的 MUNEAIO 方法，选取运行数据1、运行数据2、运行数据3作为系统辨识的三批数据，经过多次反复试算之后，取最优性能指标 J 最小的结果，所得的辨识结果如图 6-14 所示。图 6-14a ~ c 分别对应于三批运行数据的低温再热器出口汽温曲线，图中虚线表示辨识模型算出的曲线，实线表示实际曲线。辨识得到的模型参数见表 6-4。

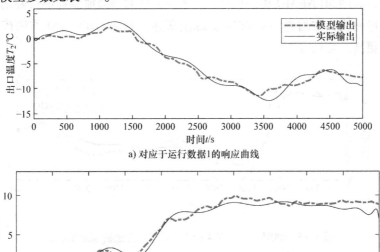

a) 对应于运行数据1的响应曲线

105

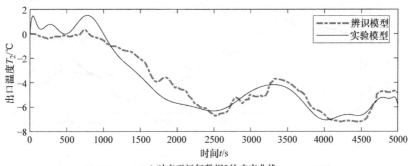

b) 对应于运行数据2的响应曲线

c) 对应于运行数据3的响应曲线

图 6-14　MUNEAIO 方法辨识结果

表6-4 MUNEAIO 方法辨识结果

参数	$G_1(s)$	$G_2(s)$	$G_3(s)$
K	−0.040	2.648	0.439
T	83.573	999.989	364.799
n	2	2	2

通过选取一批辨识计算未用过的运行数据来对前两批实验得到的再热汽温系统模型进行验证，验证数据选取图6-13中的运行数据4。模型验证结果如图6-15所示，虚线代表辨识模型算出的响应曲线，实线代表真实过程响应曲线。从图6-15可以看出，利用MUNEAIO法辨识得到的辨识模型的响应曲线能够很好地拟合实际过程的响应曲线，方均差为0.9878。综上所述，利用MUNEAIO方法辨识得到的模型具有更高的可信度。

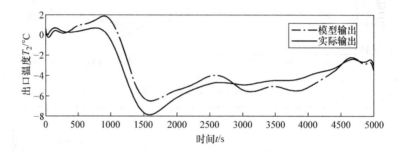

图6-15 利用运行数据4的MUNEAIO方法辨识模型验证

为了对比传统MIMO辨识与MUNEAIO方法辨识的异同，不妨利用这个案例的数据做一次传统MIMO辨识。只用运行数据1进行传统MIMO辨识，可得到的辨识结果如图6-16所示。图6-16中，虚线表示辨识模型的输出，实线表示实际输出。传统MIMO辨识得到的模型参数见表6-5。

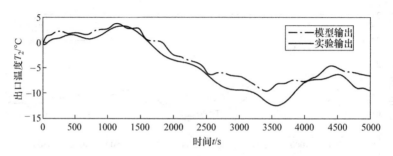

图6-16 利用运行数据1的传统MIMO辨识结果

表 6-5　利用运行数据 1 的传统 MIMO 辨识结果

参数	$G_1(s)$	$G_2(s)$	$G_3(s)$
K	-0.032	0.476	0.503
T	106.870	585.791	379.348
n	2	3	3

从图 6-14 和图 6-16 的辨识结果可以看出，两种辨识方法得到的模型输出值响应曲线与实际机组的真实值响应曲线都十分接近，但明显用 MUNEAIO 方法辨识的模型响应更吻合实际响应。

通过选取一段前两种方法辨识计算都未用过的运行数据进行低温再热汽温系统模型行验证，验证数据选取图 6-13 中的运行数据 4。在模型验证前对运行数据 4 进行了前述的相同的预处理。传统 MIMO 辨识模型验证结果如图 6-17 所示，虚线代表辨识模型的输出，实线代表机组的真实输出。可见，与图 6-16 所示的用 MU-NEAIO 法辨识模型验证曲线相比，利用 MUNEAIO 方法辨识得到的模型显然比传统 MIMO 辨识模型具有更高的准确度。

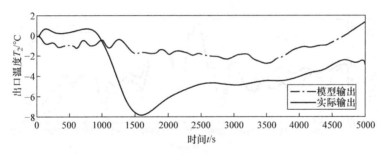

图 6-17　利用运行数据 4 的 MIMO 传统辨识模型验证

6.3.3　高温再热汽温过程的 MUNEAIO 建模

采用同样的方法对高温再热汽温系统进行 MUNEAIO 方法建模，由图 6-12 所示的模型结构，将高温再热汽温系统分为给水流量、入口蒸汽温度以及机组负荷三个传递函数通道进行系统辨识。

1. MUNEAIO 方法的辨识模型

对于有三个输入的系统模型，在利用 MUNEAIO 辨识方法时，需要输入三个批次的动态数据组。

PSO 辨识算法的参数设置为：种群规模 $N = 100$；学习因子 $c_1 = 1.8$，$c_2 = 1.8$；惯性权重 $w = 0.729$；最大迭代次数 $G = 1000$。

在对高温再热器进行模型辨识前，可参照机理建模得到的模型参数确定待辨识模型的参数范围。参照 6.2.2 节的 $G_4(s) \sim G_6(s)$，最后确定待辨识模型参数的取

值范围为 $K_1 \in [-0.5, 0]$, $K_2 \in [0, 2]$, $K_3 \in [0, 1]$; $T_1 \in [70, 600]$, $T_2 \in [30, 300]$, $T_3 \in [70, 600]$; n_1, $n_3 \in [1, 2]$, $n_2 \in [2, 4]$, 由于 n 为模型的阶次，故一般四舍五入取整数。最后得到的 MUNEAIO 方法辨识结果如图 6-18 所示，MUNEAIO 方法辨识的响应曲线吻合误差如图 6-19 所示，MUNEAIO 方法辨识模型参数见表 6-6。

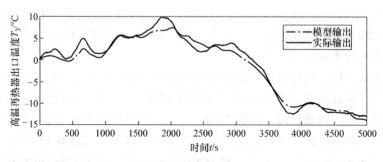

a) 对应于运行数据1的响应曲线

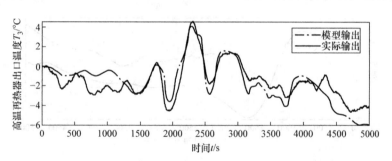

b) 对应于运行数据2的响应曲线

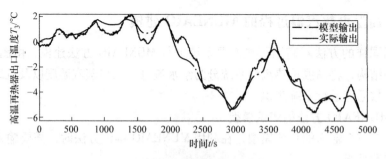

c) 对应于运行数据3的响应曲线

图 6-18 MUNEAIO 方法辨识结果

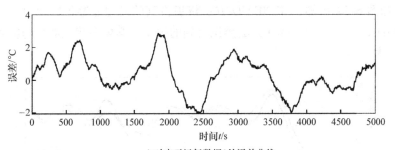

a) 对应于运行数据1的误差曲线

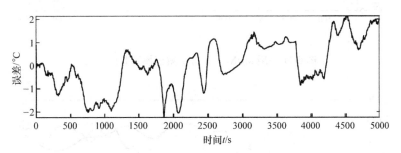

b) 对应于运行数据2的误差曲线

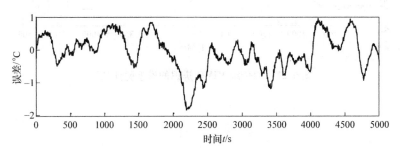

c) 对应于运行数据3的误差曲线

图 6-19　MUNEAIO 方法辨识的响应曲线吻合误差

表 6-6　MUNEAIO 方法辨识模型参数

参数	$G_1(s)$	$G_2(s)$	$G_3(s)$
K	− 0. 1342	0. 7205	0. 0702
T	373. 877	37. 535	318. 217
n	1	3	1

2. 模型验证

与低温再热汽温过程辨识模型验证类似，选取一段辨识计算未用过的运行数据来对所得到的高温再热汽温系统模型进行验证。采用 MUNEAIO 方法辨识的模型验证的结果如图 6-20 所示，采用传统 MIMO 辨识的模型验证结果如图 6-21 所示。由

图 6-20 和图 6-21 可知，MUNEAIO 方法辨识得到的模型能够很好地拟合实际的输出响应曲线，而传统的 MIMO 方法辨识得到的模型，其模型响应曲线与实际响应曲线相差很大。

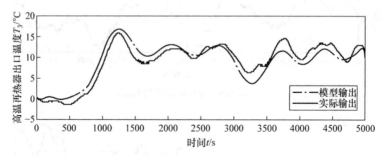

图 6-20　用 MUNEAIO 方法辨识模型验证结果

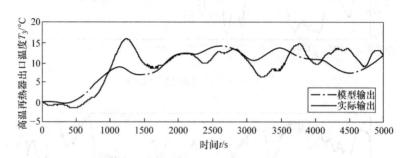

图 6-21　用传统 MIMO 辨识的模型验证结果

第 7 章

多变量过程辨识新理论的应用案例——
过热汽温过程建模

过热蒸汽温度作为影响锅炉运行效率和安全的重要因素，必须保持稳定。超温将直接影响锅炉的运行安全，而经常的超温会大大影响管路的寿命。过热蒸汽温度控制系统作为锅炉自动控制系统的重要组成部分，一直是广大工程师和科研工作者研究的热点。为了改进和优化汽温过程控制，当前分布式控制系统（DCS）普遍采用对能够测量的汽温扰动信号进行前馈控制，而前馈控制实施的前提就是清楚地知道汽温过程的准确模型。因此，本章将展开的锅炉汽温多变量过程模型辨识工作有着十分重要的意义。

7.1 过热蒸汽温度喷水减温过程的模型结构

影响过热汽温变化的主要因素包括燃水比、给水温度、水冷壁结渣、火焰中心位置以及过热器受热面结渣或积灰等，而锅炉过热蒸汽温度控制通常采用燃水比和喷水减温控制。在直流负荷以前，过热汽温采用喷水减温控制；在直流负荷以后，过热汽温调节以控制燃水比为主，喷水减温为辅。结合过热汽温影响因素和控制方式，可以将过热汽温多变量过程模型结构表达为如图 7-1 所示（以二级喷水减温结构为例）。

大多数设有二级或三级喷水减温系统的锅炉过热器系统，A 侧和 B 侧共有四个或六个喷水减温器。本章的模型辨识研究的案例取自安徽省某 1000MW 机组的过热器系统。该过热器系统布置了三级喷水减温，其中过热器一级喷水减温器布置在低温过热器出口集箱到屏式过热器进口集箱的管道上；过热器二级喷水减温器布置在屏式过热器出口集箱到后屏过热器进口集箱的管道上；过热器三级喷水减温器布置在后屏过热器出口集箱到末级过热器进口集箱的管道上；各减温器喷水源于高加后主给水管道。

实际上，本模型辨识应用研究案例针对的只是该过热器系统中第三级喷水减温

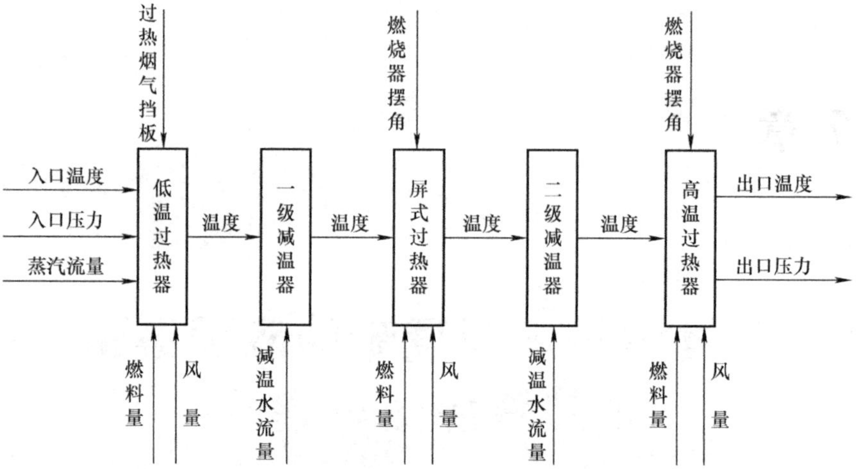

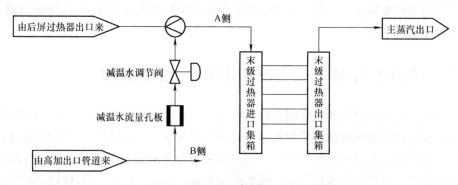

图 7-1 过热汽温多变量过程模型结构图

过程，其过程设备组成结构图如图 7-2 所示。影响过热蒸汽出口温度的因素很多，主要有后屏过热器出口来的蒸汽温度和流量，高加出口管道来的减温水的温度和流量，流经末级过热器的烟气的温度和流量以及过热蒸汽出口侧的过热蒸汽压力波动等。

图 7-2 第三级喷水减温过程设备组成图

在专业的喷水减温控制系统分析中，一般把喷水减温过程分为两部分，即将减温器分为被控过程的导前区，将过热器分为被控过程的惰性区。本案例所论及的过热蒸汽温度喷水减温过程模型结构如图 7-3 所示。

可以结合传统机理分析法和现代辨识法来建立过热蒸汽温度过程的数学模型，即通过机理分析确定模型的结构形式，再通过现代辨识法确定模型中各个参数的具体数值。过热蒸汽温度过程是一个有自平衡能力的，具有多个惯性的过程。待辨识过程的传递函数模型通常采用的结构形式是多容惯性模型，如式（7-1）所示。

$$G_p(s) = \frac{K}{(Ts + 1)^n} \tag{7-1}$$

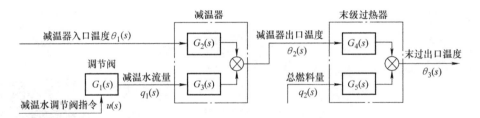

图 7-3　过热蒸汽温度喷水减温过程模型结构

7.2　模型辨识数据的采集和选用

7.2.1　模型辨识数据的采集

在应用现代辨识法来确定模型结构中的具体参数时，历史数据的选取对于模型参数辨识的精度，尤其是动态参数的辨识起着至关重要的作用，其中最重要的是选取怎样的历史数据段。以图 7-3 的模型结构为例，在该系统中，减温器入口温度、减温水调节阀指令及总燃料量为输入信号，也就要求这三个信号有明显的激励作用，既要有一定的幅值变化，也要有一定的持续时间，并能导致输出相应的发生变化；其次，选取的数据段尽量起始于系统运行稳定的工况点，避免前面激励信号响应对后面辨识的影响；第三，采样周期的选择，理论上为了使采样信号无失真的再现被采样数据信号，采样周期要遵循香农定理。目前大多数 DCS 中保存的运行数据的采样周期都是 1s，但每次提取历史曲线显示只能提取 600 个点，也就意味着，如果数据段的时间总长超过 10min，则无法保证采样周期为 1s。所以本案例中因需提取的数据超过 600s，获取待辨识数据时采用了多次提取然后合并数据的方法，从而充分利用了 DCS 系统所能达到的采样数据的精度。最后，由于历史数据都是现场数据，总是会有各种各样的噪声信号，在辨识之前，对历史数据进行滤波处理，尽量避免由于噪声信号对辨识精度的影响。

7.2.2　模型辨识数据的选用

从安徽某电厂 1000MW 机组 DCS 运行的历史数据库中，按照图 7-3 所示的模型结构提取所需有效辨识数据。首先设计变量点清单，选择了包括图 7-3 所示的 6 个变量点在内的 22 个变量点清单，并把该 22 个变量点的数据在电厂的操作员站上做成趋势图，如图 7-4 所示。通过选择不同的时间段，可以看到电厂过去运行数据的趋势变化情况。根据待辨识模型所需辨识数据的选取要求，确认相应的数据段为辨识数据后再执行历史数据库数据提取操作。

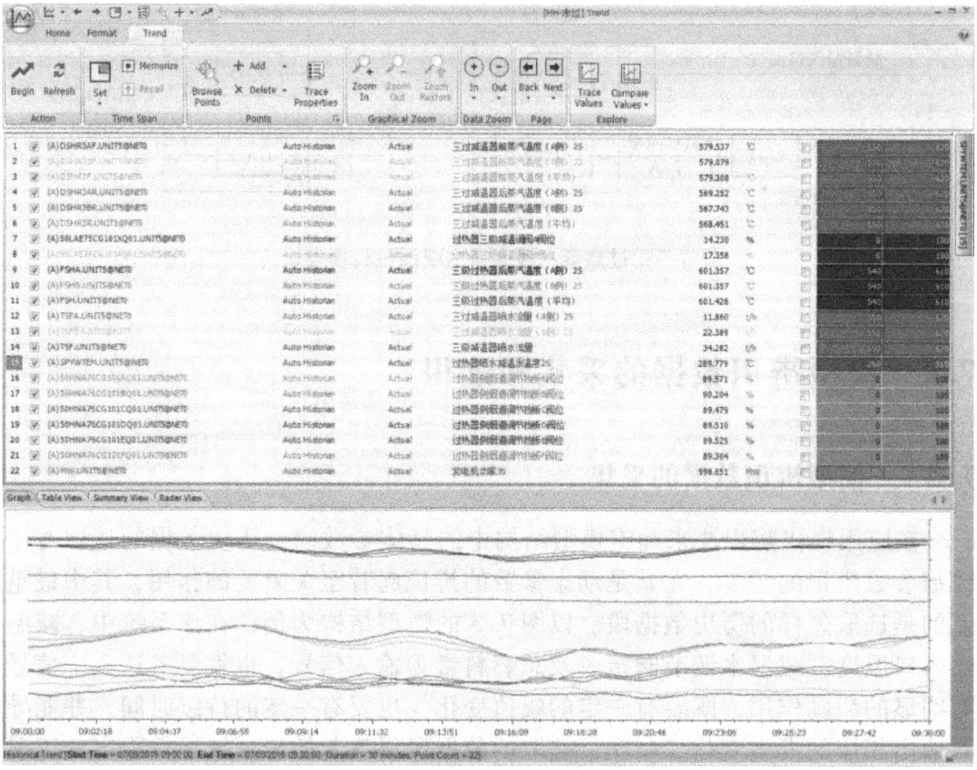

图7-4 变量点数据图例及曲线

7.2.3 模型辨识数据和模型验证数据的分配

图 7-3 所示模型结构中的五个传递函数分别对应于：阀门指令和减温水流量之间的单输入单输出传递函数模型 $G_1(s)$；减温器入口温度、减温水流量和减温器出口温度之间的双输入单输出传递函数模型 $G_2(s)$ 和 $G_3(s)$；减温器出口温度、燃料量和过热器出口温度之间的双输入单输出传递函数模型 $G_4(s)$ 和 $G_5(s)$。

为了便于验证 MUNEAIO 方法并与传统的 MIMO 辨识方法比较，选择图 7-3 中的双输入单输出的减温器部分相关的运行数据进行辨识实验。有关的实验数据选自安徽 2015 年 7 月 9 日 9:00:00 ~ 9:29:57 某电厂 1000MW 机组运行的 DCS 历史数据库，其数据的动态变化曲线如图 7-5 所示。考虑到现场数据存在一定的噪声信号，对其进行 1s 的惯性滤波。

由图 7-5 可见，实验数据的时间持续长度有 1800s。可分割为 3 组，每组 600s 长度，参见图 7-5 中的分割竖线。这三组中，第 1 组和第 2 组数据将用作模型辨识计算，第 3 组用作模型验证。MUNEAIO 法模型辨识计算用的是第 1 组和第 2 组数据。传统 MIMO 模型辨识计算用的是第 1 组数据。

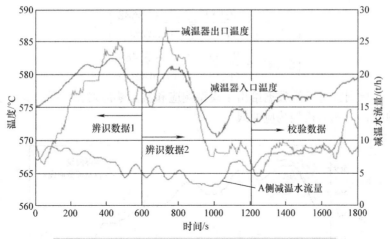

图7-5　历史数据 – 减温器入口/出口温度/减温水流量

7.3　基于 MUNEAIO 方法的过热器减温器过程融合建模实验

对于过热器减温器过程的建模，采用机理分析建模和辨识建模相结合的融合建模方法。先根据参考文献［174］，过热器减温器过程部分对应于过热器的导前特性段，基于动态特性机理分析，其传递函数模型为 $G_2(s)$ 和 $G_3(s)$，可采用如式（7-2）所示的双容惯性环节模型。然后，根据多变量过程辨识的 MUNEAIO 方法，选取两组数据（第 1 组和第 2 组）作为减温器过程辨识的数据，采用差分进化算法进行辨识寻优计算。

$$\begin{cases} G_2(s) = \dfrac{\theta_2(s)}{\theta_1(s)} = \dfrac{K_2}{(T_2 s + 1)^2} \\[3mm] G_3(s) = \dfrac{\theta_2(s)}{q_1(s)} = \dfrac{K_3}{(T_3 s + 1)^2} \end{cases} \tag{7-2}$$

差分进化算法的参数设置分别为：种群规模为 60；$C_{\text{Rmax}} = 1.5$；$C_{\text{Rmin}} = 0.5$；$F_0 = 1$；$G_{\max} = 50$。

两个传递函数中的四个模型参数 $[K_2, T_2, K_3, T_3]$ 的域值最小值设为 $\min X = [0, 0, -10, 0,]$，最大值设为 $\max X = [5, 10, 0, 20]$，该量程也是在多次试验过程中调整的结果。

优化计算的性能指标采用式（7-3）计算。

$$J = 0.5 \sum_{i=1}^{n} (y_{1i} - \hat{y}_{1i})^2 + 0.5 \sum_{i=1}^{n} (y_{2i} - \hat{y}_{2i})^2 \tag{7-3}$$

本次模型辨识得到的结果见式（7-4）。

115

$$\begin{cases} G_2(s) = \dfrac{\theta_2(s)}{\theta_1(s)} = \dfrac{0.8682}{(1.2293s+1)^2} \\[3mm] G_3(s) = \dfrac{\theta_2(s)}{q_1(s)} = \dfrac{-0.4893}{(14.9069s+1)^2} \end{cases} \tag{7-4}$$

图 7-6 分别针对三组数据给出了模型响应和实际响应对比结果，其中实线为实际响应曲线，虚线为模型响应曲线。

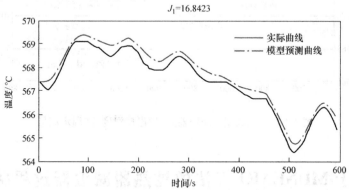

a) 对应于第1组数据的模型响应和实际响应对比

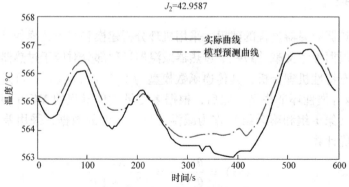

b) 对应于第2组数据的模型响应和实际响应对比

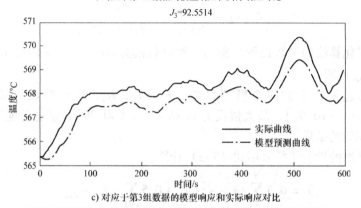

c) 对应于第3组数据的模型响应和实际响应对比

图 7-6　用 MUNEAIO 方法得到的模型响应和实际响应对比

7.4 基于传统 MIMO 方法的过热器减温器过程融合建模实验

与 7.3 节所述的过热器减温器过程的融合建模实验基本做法相似，只不过不用多变量过程辨识的 MUNEAIO 方法而改用传统 MIMO 辨识，还有只用第 1 组数据进行模型辨识计算。模型结构仍用式（7-2）所示的双容惯性模型，所得辨识结果如式（7-5）所示。

$$\begin{cases} G_2(s) = \dfrac{\theta_2(s)}{\theta_1(s)} = \dfrac{0.7661}{(1.276s+1)^2} \\[3mm] G_3(s) = \dfrac{\theta_2(s)}{q_1(s)} = \dfrac{-0.4611}{(15.1773s+1)^2} \end{cases} \tag{7-5}$$

同样，针对三组数据可进行模型响应和实际响应的对比，其结果如图 7-7 所示。

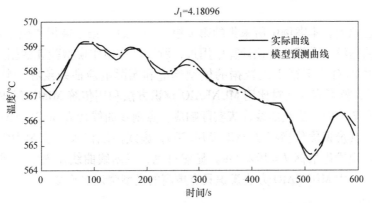

a) 对应于第1组数据的模型响应和实际响应对比

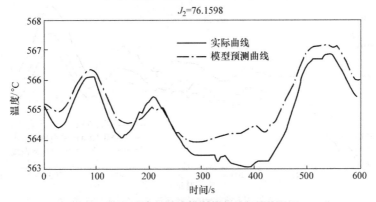

b) 对应于第2组数据的模型响应和实际响应对比

图 7-7　用传统 MIMO 方法得到的模型响应和实际响应对比

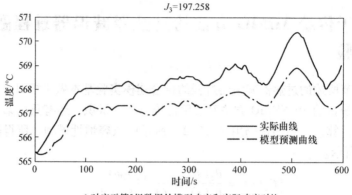

c) 对应于第3组数据的模型响应和实际响应对比

图7-7　用传统 MIMO 方法得到的模型响应和实际响应对比（续）

7.5　两种辨识方法建模的模型验证比较

可以注意到，本案例中所采集的第 1 组和第 2 组数据已被用作模型辨识计算，而第 3 组数据没有在模型辨识计算中用过，所以可被用作模型验证数据。将图 7-6 和图 7-7 中的对应于第 3 组数据的模型响应和实际响应曲线绘在一幅图中，如图 7-8 所示，就可直观地对比用 MUNEAIO 辨识方法和用传统 MIMO 辨识方法的建模效果。图 7-8 中，实线曲线代表实际响应，点划线曲线代表 MUNEAIO 辨识方法模型响应，其辨识优化指标 $J = 92.5514.206$；虚线曲线代表传统 MIMO 辨识模型响应，其辨识优化指标 $J = 197.258$。显然可见，点划线曲线比虚线曲线更靠近实线曲线，所以用 MUNEAIO 方法辨识具有更高的模型辨识准确度。

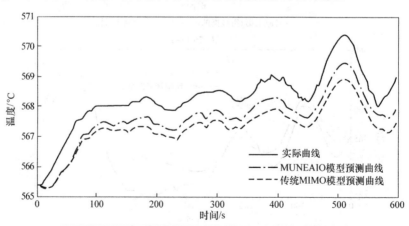

图7-8　MUNEAIO 辨识结果和传统 MIMO 辨识结果对比

第 8 章

多变量过程辨识新理论的应用案例——脱硝过程建模

8.1 脱硝过程的动态机理分析建模

8.1.1 SCR 脱硝过程工艺

由于环保标准的提高，目前我国燃煤火电机组都配置有烟气脱硝装置。两种较为成熟的烟气脱硝技术是选择性催化还原（SCR）脱硝和选择性非催化还原（SNCR）脱硝。其中，以 SCR 脱硝技术应用最为广泛，占国内烟气脱硝装置的90%以上。在国外，SCR 脱硝技术的占比也超过70%。

SCR 脱硝技术是利用 NH_3 的还原性，在催化剂（常用 V_2O_5、$V_2O_5 - WO_3$ 或 $V_2O_5 - MoO_3$）的作用下将烟气中的 NO_x 还原为无害的 N_2 和 H_2O，其脱硝过程的化学反应式为

$$4NH_3 + 4NO + O_2 \rightarrow 4N_2 + 6H_2O \tag{8-1}$$

$$4NH_3 + 2NO_2 + O_2 \rightarrow 3N_2 + 6H_2O \tag{8-2}$$

由于烟气中 95% 的 NO_x 以 NO 形式存在，因此在以上两个化学反应中，式 (8-1)所示的反应是最主要的。除此之外，SCR 脱硝过程还会有如下副反应：

$$4NH_3 + 3O_2 \rightarrow 2N_2 + 6H_2O \tag{8-3}$$

$$NH_3 + SO_3 + HO_2 \rightarrow NH_4HSO_4 \tag{8-4}$$

$$2NH_3 + SO_3 + H_2O \rightarrow (NH_4)_2SO_4 \tag{8-5}$$

式（8-3）所示的反应是 NH_3 的氧化反应；式（8-4）所示的反应会生成 NH_4HSO_4，该物质的黏性很强，会吸附在催化剂表面，造成催化剂失活，同时它也具有强酸性，会对下游设备造成腐蚀，影响锅炉的安全稳定运行。

SCR 脱硝反应器通常布置在锅炉省煤器和空气预热器之间，如图 8-1 所示，这里的温度在 300 ~ 400℃ 范围内，适合脱硝催化剂发挥其活性。来自存氨罐的液氨

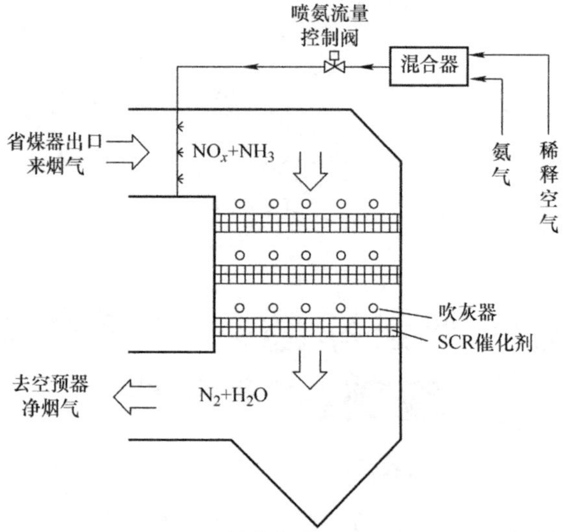

图 8-1　SCR 脱硝工艺图

靠自身压力进入蒸发器中，被蒸发器内的热水加热蒸发成氨气；从氨气缓冲罐出来的氨气与稀释风机出来的空气在混合器混合稀释，通过注入系统注入烟气中；稀释的氨气和烟气在 SCR 反应器前被充分混合均匀，然后进入催化剂层反应，从而完成 NO_x 的脱除。

　　SCR 脱硝反应发生在催化剂表面，属于气固两相催化反应。由于催化剂是多孔介质，气流中的反应物要经过扩散过程到达催化剂表面，生成物也要经过扩散过程才能回到气流中。化学反应主要在孔的内表面上进行。研究表明脱硝反应物在催化剂作用下发生化学反应主要包括以下 7 个步骤：

　　1）NO_x、NH_3 和 O_2 从主气流穿过催化剂颗粒外表面的气膜，扩散到催化剂外表面。

　　2）NO_x、NH_3 和 O_2 从催化剂颗粒外表面通过毛细管扩散到催化剂的内表面。

　　3）NH_3、O_2 吸附在催化剂的内表面。

　　4）NO_x 与催化剂内表面吸附的 NH_3 进行化学反应。

　　5）反应生成物 N_2 和 H_2O 从催化剂的内表面脱附。

　　6）脱附下来的 N_2 和 H_2O 通过催化剂的毛细管扩散到催化剂颗粒的外表面。

　　7）N_2 和 H_2O 从催化剂颗粒外表面穿过气膜扩散到主气流中。

8.1.2　基于机理分析的 SCR 脱硝反应器非线性动态模型

　　根据机理建模的需要，对 SCR 脱硝过程做如下简化假设：

　　1）进入 SCR 反应器的烟气为理想气体。

　　2）SCR 反应器内的化学反应包括式（8-1）所示的 NO 脱硝反应和式（8-3）

所示的 NH_3 氧化反应。

3）考虑 NH_3 在催化剂表面的吸附和脱附过程。

4）忽略反应器结构和尺寸对化学反应的影响。

5）反应器内温度、各气体组分摩尔浓度均匀分布，且温度保持恒定。

6）反应器内催化剂均匀分布，化学反应速率均匀分布。

7）选定反应器出口点作为集总参数建模的代表点。

8）反应器出口各气体组分的摩尔流量与反应器内该组分的分压成正比。

1. 反应动力学模型

反应动力学模型包括吸附过程速率模型、脱附过程速率模型、NO 脱硝反应速率模型和 NH_3 氧化反应速率模型[190,191]。

（1）吸附过程速率模型

催化剂对 NH_3 的吸附过程的速率可以表示为

$$r_a = k_a C_{NH_3}(1 - \theta_{NH_3}) \tag{8-6}$$

$$k_a = k_a^0 \exp\left(-\frac{E_a}{RT}\right) \tag{8-7}$$

式中，r_a 为催化剂对 NH_3 的吸附速率（1/s）；k_a 为吸附速率系数 $[m^3/(mol \cdot s)]$；C_{NH_3} 为反应器中 NH_3 的摩尔浓度（mol/m^3）；θ_{NH_3} 为催化剂表面 NH_3 的覆盖率；k_a^0 为吸附过程的指数前因子 $[m^3/(mol \cdot s)]$；E_a 为吸附过程的活化能（J/mol）；R 为理想气体常数 $[J/(mol \cdot K)]$；T 为反应器内温度（K）。

（2）脱附过程速率模型

NH_3 从催化剂脱附过程的速率可以表示为

$$r_d = k_d \theta_{NH_3} \tag{8-8}$$

$$k_d = k_d^0 \exp\left(-\frac{E_d}{RT}\right) \tag{8-9}$$

式中，r_d 为 NH_3 从催化剂脱附的速率（1/s）；k_d 为脱附速率系数 $[m^3/(mol \cdot s)]$；k_d^0 为脱附过程的指数前因子 $[m^3/(mol \cdot s)]$；E_d 为脱附过程的活化能（J/mol），可以用 Temkin – type 表示为 $E_d = E_d^0(1 - \alpha\theta_{NH_3})$，其中，$E_d^0$ 为催化剂表面零覆盖时的脱附过程活化能；α 为脱附活化能与催化剂表面覆盖率间的依赖关系参数。

（3）NO 脱硝反应速率模型

脱硝反应速率可以表示为

$$r_{NO} = k_{NO} C_{NO} \theta_{NH_3} \tag{8-10}$$

$$k_{NO} = k_{NO}^0 \exp\left(-\frac{E_{NO}}{RT}\right) \tag{8-11}$$

式中，r_{NO} 为脱硝反应的速率（1/s）；k_{NO} 为脱硝反应速率系数 $[m^3/(mol \cdot s)]$；k_{NO}^0

为脱硝反应的指数前因子[$m^3/(mol \cdot s)$]；E_{NO} 为脱硝反应的活化能（J/mol）。

（4）NH_3 氧化反应速率模型

氧化反应速率可以表示为

$$r_{ox} = k_{ox}\theta_{NH_3} \tag{8-12}$$

$$k_{ox} = k_{ox}^0 \exp\left(-\frac{E_{ox}}{RT}\right) \tag{8-13}$$

式中，r_{ox} 为氧化反应的速率（1/s）；k_{ox} 为氧化反应速率系数[$m^3/(mol \cdot s)$]；k_{ox}^0 为氧化反应的指数前因子[$m^3/(mol \cdot s)$]；E_{ox} 为氧化反应的活化能（J/mol）。

2. 质量平衡模型

考虑催化剂表面 NH_3 的质量守恒得

$$\frac{d\theta_{NH_3}}{dt} = r_a - r_d - r_{NO} - r_{ox} \tag{8-14}$$

考虑反应器内气流中 NH_3 的质量守恒得

$$V\frac{dC_{NH_3}}{dt} = F_{NH_3} - q_{out}C_{NH_3} + V\Omega_{NH_3}(r_d - r_a) \tag{8-15}$$

式中，V 为反应器的容积（m^3）；t 为时间（s）；F_{NH_3} 为喷氨的摩尔流量（mol/s）；q_{out} 为反应器出口烟气的体积流量（m^3/s）；Ω_{NH_3} 为催化剂对 NH_3 的吸附容量（mol/m^3）。

前已假定反应器出口各气体组分的摩尔流量与反应器内该组分的分压成正比，因此有

$$q_{out}C_{NH_3} = \xi_{NH_3}p_{NH_3} \tag{8-16}$$

式中，ξ_{NH_3} 为反应器出口 NH_3 的流量系数。考虑理想气体的状态方程，式（8-16）可进一步写为

$$q_{out}C_{NH_3} = \xi_{NH_3}RTC_{NH_3} \tag{8-17}$$

前已假定反应器内温度恒定，因此可记 $\zeta_{NH_3} = \xi_{NH_3}RT$，则有

$$q_{out}C_{NH_3} = \zeta_{NH_3}C_{NH_3} \tag{8-18}$$

将式（8-14）代入式（8-17），整理后可得

$$\frac{dC_{NH_3}}{dt} = \frac{F_{NH_3} - \zeta_{NH_3}C_{NH_3}}{V} + \Omega_{NH_3}(r_d - r_a) \tag{8-19}$$

类似地，可以得到反应器气流中其他组分（NO、O_2、N_2、H_2O、CO_2、SO_2）的质量守恒方程如下：

$$\frac{dC_{NO}}{dt} = \frac{q_{in}C_{NO,in} - \zeta_{NO}C_{NO}}{V} + \Omega_{NH_3}r_{NO} \tag{8-20}$$

$$\frac{dC_{O_2}}{dt} = \frac{q_{in}C_{O_2,in} - \zeta_{O_2}C_{O_2} + F_{air}x_{O_2}}{V} - \Omega_{NH_3}\left(\frac{1}{4}r_{NO} + \frac{3}{4}r_{ox}\right) \tag{8-21}$$

$$\frac{\mathrm{d}C_{N_2}}{\mathrm{d}t} = \frac{q_{in}C_{N_2,in} - \zeta_{N_2}C_{N_2} + F_{air}x_{N_2}}{V} + \Omega_{NH_3}\left(r_{NO} + \frac{1}{2}r_{ox}\right) \tag{8-22}$$

$$V\frac{\mathrm{d}C_{H_2O}}{\mathrm{d}t} = \frac{q_{in}C_{H_2O,in} - \zeta_{H_2O}C_{H_2O}}{V} + \Omega_{NH_3}\left(\frac{3}{2}r_{NO} + \frac{3}{2}r_{ox}\right) \tag{8-23}$$

$$\frac{\mathrm{d}C_{CO_2}}{\mathrm{d}t} = \frac{q_{in}C_{CO_2,in} - \zeta_{CO_2}C_{CO_2}}{V} \tag{8-24}$$

$$\frac{\mathrm{d}C_{SO_2}}{\mathrm{d}t} = \frac{q_{in}C_{SO_2,in} - \zeta_{SO_2}C_{SO_2}}{V} \tag{8-25}$$

式中，q_{in} 为反应器入口烟气的体积流量（m^3/s）；F_{air} 为稀释空气的摩尔流量（mol/s）；x_{O_2}、x_{N_2} 分别为稀释空气中 O_2 和 N_2 的摩尔分数，且有 $x_{O_2} = 0.21$，$x_{N_2} = 0.79$。

式（8-20）～式（8-25）构成 SCR 脱硝反应器的非线性状态空间模型。该模型包含八个状态方程，对应的状态变量分别是 θ_{NH_3}、C_{NH_3}、C_{NO}、C_{O_2}、C_{N_2}、C_{H_2O}、C_{CO_2} 和 C_{SO_2}。就控制角度而言，主要关注的是状态变量 C_{NO}，即反应器出口的 NO_x 浓度。留意到，上述 SCR 脱硝反应器模型中前三个状态变量即 θ_{NH_3}、C_{NH_3} 和 C_{NO} 不受其他五个状态变量的影响，可将其精简为仅包含这三个状态变量的非线性状态空间模型如下：

$$\frac{\mathrm{d}\theta_{NH_3}}{\mathrm{d}t} = k_a C_{NH_3}(1 - \theta_{NH_3}) - k_d^0 \exp\left[-\frac{E_d^0(1 - \alpha\theta_{NH_3})}{RT}\right]\theta_{NH_3} - k_{NO}C_{NO}\theta_{NH_3} - k_{ox}\theta_{NH_3}$$
$$\tag{8-26}$$

$$\frac{\mathrm{d}C_{NH_3}}{\mathrm{d}t} = \frac{F_{NH_3} - \zeta_{NH_3}C_{NH_3}}{V} + \Omega_{NH_3}\left\{k_d^0\exp\left[-\frac{E_d^0(1 - \alpha\theta_{NH_3})}{RT}\right]\theta_{NH_3} - k_a C_{NH_3}(1 - \theta_{NH_3})\right\}$$
$$\tag{8-27}$$

$$\frac{\mathrm{d}C_{NO}}{\mathrm{d}t} = \frac{q_{in}C_{NO,in} - \zeta_{NO}C_{NO,out}}{V} - \Omega_{NH_3}k_{NO}C_{NO}\theta_{NH_3} \tag{8-28}$$

8.1.3　SCR 脱硝反应器的线性状态空间模型

对上述精简后的 SCR 脱硝反应器非线性状态空间模型作线性化处理，得到以下三维的线性状态空间模型：

$$\frac{\mathrm{d}(\Delta\theta_{NH_3})}{\mathrm{d}t} = a_{11}\Delta\theta_{NH_3} + a_{12}\Delta C_{NH_3} + a_{13}\Delta C_{NO} \tag{8-29}$$

$$\frac{\mathrm{d}(\Delta C_{NH_3})}{\mathrm{d}t} = a_{21}\Delta\theta_{NH_3} + a_{22}\Delta C_{NH_3} + \frac{1}{V}\Delta F_{NH_3} \tag{8-30}$$

$$\frac{\mathrm{d}(\Delta C_{NO})}{\mathrm{d}t} = a_{31}\Delta\theta_{NH_3} + a_{33}\Delta C_{NO} + \frac{C_{NO,in,0}}{V}\Delta q_{in} + \frac{q_{in,0}}{V}\Delta C_{NO,in} \tag{8-31}$$

式中，$a_{11} = -\left\{ k_a C_{NH_3,0} + \dfrac{\alpha E_d^0 \theta_{NH_3,0} + RT}{RT} k_d^0 \exp\left[-\dfrac{E_d^0(1 - \alpha\theta_{NH_3,0})}{RT} \right] + k_{NO} C_{NO,0} + k_{ox} \right\}$ ；

$a_{12} = k_a(1 - \theta_{NH_3,0})$ ；

$a_{13} = -k_{NO}\theta_{NH_3,0}$ ；

$a_{21} = \Omega_{NH_3}\left\{ \dfrac{\alpha E_d^0 \theta_{NH_3,0} + RT}{RT} k_d^0 \exp\left[-\dfrac{E_d^0(1 - \alpha\theta_{NH_3,0})}{RT} \right] + k_a C_{NH_3,0} \right\}$ ；

$a_{22} = -\dfrac{\zeta_{NH_3} + V\Omega_{NH_3} k_a(1 - \theta_{NH_3,0})}{V}$ ；

$a_{31} = -\Omega_{NH_3} k_{NO} C_{NO,0}$ ；

$a_{33} = -\dfrac{\zeta_{NO} + V\Omega_{NH_3} k_{NO}\theta_{NH_3,0}}{V}$ ；下角 0 代表线性化的工作点。

该模型可以写成矩阵形式如下：

$$
\begin{bmatrix} \Delta\dot{\theta}_{NH_3} \\ \Delta\dot{C}_{NH_3} \\ \Delta\dot{C}_{NO} \end{bmatrix} = \begin{bmatrix} a_{11} & a_{12} & a_{13} \\ a_{21} & a_{22} & 0 \\ a_{31} & 0 & a_{33} \end{bmatrix} \begin{bmatrix} \Delta\theta_{NH_3} \\ \Delta C_{NH_3} \\ \Delta C_{NO} \end{bmatrix} + \begin{bmatrix} 0 \\ \dfrac{1}{V} \\ 0 \end{bmatrix} \Delta F_{NH_3} + \begin{bmatrix} 0 & 0 \\ 0 & 0 \\ \dfrac{C_{NO,in,0}}{V} & \dfrac{q_{in,0}}{V} \end{bmatrix} \begin{bmatrix} \Delta q_{in} \\ \Delta C_{NO,in} \end{bmatrix}
$$

$$(8-32)$$

8.1.4 SCR 脱硝反应器的传递函数模型

对上述 SCR 脱硝反应器的三维线性状态空间模型作 Laplace 变换后，可解得反应器各通道的传递函数。其中，分别以 ΔF_{NH_3}、Δq_{in} 和 $\Delta C_{NO,in}$ 为输入变量，以 ΔC_{NO} 为输出变量的三个传递函数的形式如下：

$$\frac{\Delta C_{NO}(s)}{\Delta F_{NH_3}(s)} = \frac{N_1(s)}{D(s)} \tag{8-33}$$

$$\frac{\Delta C_{NO}(s)}{\Delta q_{in}(s)} = \frac{N_2(s)}{D(s)} \tag{8-34}$$

$$\frac{\Delta C_{NO}(s)}{\Delta C_{NO,in}(s)} = \frac{N_3(s)}{D(s)} \tag{8-35}$$

式中，$N_1(s) = \dfrac{a_{12}a_{31}}{V}$ ；

$N_2(s) = \dfrac{C_{NO,in,0}}{V}\left[s^2 - (a_{11} + a_{22})s + a_{11}a_{22} - a_{12}a_{21} \right]$ ；

$N_3(s) = \dfrac{q_{in,0}}{V}\left[s^2 - (a_{11} + a_{22})s + a_{11}a_{22} - a_{12}a_{21} \right]$ ；

$D(s) = s^3 - (a_{11} + a_{22} + a_{33})s^2 + (a_{11}a_{22} + a_{11}a_{33} + a_{22}a_{33} - a_{12}a_{21} - a_{13}a_{31})s - a_{11}a_{22}a_{33} + a_{12}a_{21}a_{33} + a_{13}a_{31}a_{22}$ 。

8.2　SCR 脱硝过程的过程模型的多变量过程辨识案例

考虑某 660MW 超超临界火电机组 A 侧 SCR 脱硝反应器的传递函数模型辨识问题。首先，确定该反应器模型的输入、输出变量。根据上述对 SCR 脱硝过程的机理分析结果，并结合现场测点情况，确定模型的输入变量为：喷氨的质量流量 ΔG_{NH_3}（kg/h）；反应器入口烟气体积流量 ΔQ_{in}（m^3/h，注意与体积流量 Δq_{in} 的单位不同）；反应器入口 NO_x 浓度 $\Delta S_{NO_x,in}$（mg/Nm^3）；因为主要关注的是反应器出口的 NO_x 浓度，确定模型的输出变量为反应器出口的 NO_x 浓度 ΔS_{NO_x}（mg/Nm^3）。因此，待辨识的 SCR 脱硝反应器过程是一个三输入一输出的对象，其模型由如图 8-2 所示的三个传递函数构成。

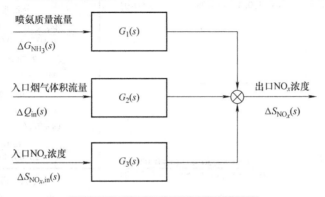

图 8-2　SCR 脱硝反应器模型结构图

其次，确定待辨识传递函数模型的结构。机理分析可为确定三个待辨识传递函数模型的结构提供依据。表 8-1 给出了该 SCR 脱硝反应器的机理建模计算结果及模型降阶结果。机理建模得到的传递函数 $\Delta S_{NO_x}(s)/\Delta G_{NH_3}(s)$ 有三个极点，分别是 -9130.3、-28.6 和 -0.0040，无零点。这三个极点均位于 s 平面的左半平面，同时观察到第一个极点的绝对值远大于另两个极点的绝对值，因此第一个极点对系统动态响应的影响很小，从而可以忽略该极点，将传递函数由三阶降为二阶。机理建模得到的传递函数 $\Delta S_{NO_x}(s)/\Delta Q_{in}(s)$ 和 $\Delta S_{NO_x}(s)/\Delta S_{NO_x,in}(s)$ 均有三个极点和两个零点。极点 -9130.3 和零点 -9130.4 构成偶极子，可以对消掉，从而将传递函数由三阶降为二阶。零点 -0.0210 可以保留，也可以从简化模型响应特性角度将其忽略掉。根据上述机理建模结果，这里确定待辨识三个通道传递函数模型的结构如下：

表 8-1 某 SCR 脱硝反应器的机理建模计算结果及模型降阶后结果

	机理建模计算结果	模型降阶后结果
$G_1(s) = \dfrac{\Delta S_{NO_x}(s)}{\Delta G_{NH_3}(s)}$	$\dfrac{-1.9045 \times 10^{-3}}{(s+9130.3)(s+28.6)(s+0.0040)}$	（零极点形式） $\dfrac{-2.0859 \times 10^{-7}}{(s+28.6)(s+0.0040)}$ （标准形式） $\dfrac{-2.4527 \times 10^{-6}}{(0.035s+1)(250s+1)}$
$G_2(s) = \dfrac{\Delta S_{NO_x}(s)}{\Delta Q_{in}(s)}$	$\dfrac{2.0400 \times 10^{-6}(s+9130.4)(s+0.0210)}{(s+9130.3)(s+28.6)(s+0.0040)}$	（零极点形式） $\dfrac{2.0400 \times 10^{-6}(s+0.0210)}{(s+28.6)(s+0.0040)}$ 或$\dfrac{4.284 \times 10^{-8}}{(s+28.6)(s+0.0040)}$ （标准形式） $\dfrac{3.7448 \times 10^{-7}(47.6190s+1)}{(0.035s+1)(250s+1)}$ 或$\dfrac{3.7448 \times 10^{-7}}{(0.035s+1)(250s+1)}$
$G_3(s) = \dfrac{\Delta S_{NO_x}(s)}{\Delta S_{NO_x,in}(s)}$	$\dfrac{4.8410(s+9130.4)(s+0.021)}{(s+9130.3)(s+28.6)(s+0.0040)}$	（零极点形式） $\dfrac{4.8410 \times (s+0.0210)}{(s+28.6)(s+0.0040)}$ 或$\dfrac{0.1017}{(s+28.6)(s+0.0040)}$ （标准形式） $\dfrac{0.8886 \times (47.6190s+1)}{(0.035s+1)(250s+1)}$ 或$\dfrac{0.8886}{(0.035s+1)(250s+1)}$

$$G_1(s) = \frac{\Delta S_{NO_x}(s)}{\Delta G_{NH_3}(s)} = \frac{K_1}{(T_1 s + 1)^2} \tag{8-36}$$

$$G_2(s) = \frac{\Delta S_{NO_x}(s)}{\Delta Q_{in}(s)} = \frac{K_2}{(T_2 s + 1)^2} \tag{8-37}$$

$$G_3(s) = \frac{\Delta S_{NO_x}(s)}{\Delta S_{NO_x,in}(s)} = \frac{K_3}{(T_3 s + 1)^2} \tag{8-38}$$

再次，构建建模数据集和验证数据集。从该火电机组 SCR 脱硝系统的历史数据中，选取三批数据作为建模数据集。三批数据的采样周期均为 1s，数据长度分别为 20000、20000、10000，各批数据的三个输入变量之间互不相关。图 8-3 ～图 8-5 给出了三批数据中各输入变量的变化曲线。另外选取一批数据作为验证数据集，其采样周期为 1s，数据长度为 20000。图 8-6 所示为验证数据集中各输入变量的变化曲线。

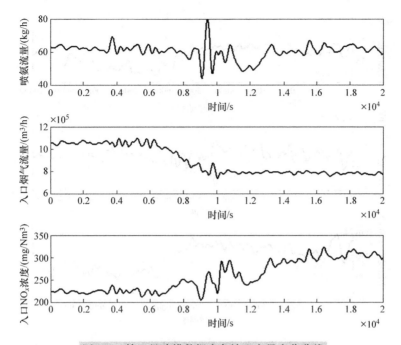

图 8-3　第一批建模数据中各输入变量变化曲线

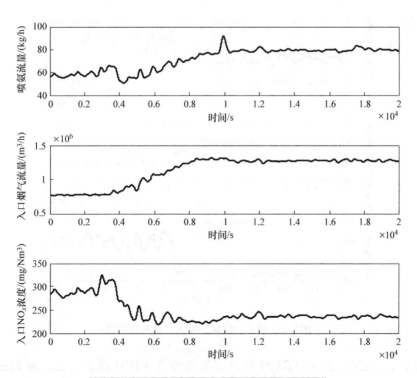

图 8-4　第二批建模数据各输入变量变化曲线

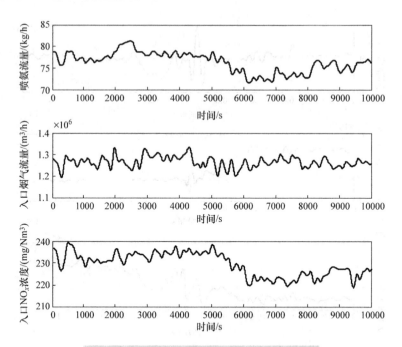

图 8-5　第三批建模数据各输入变量变化曲线

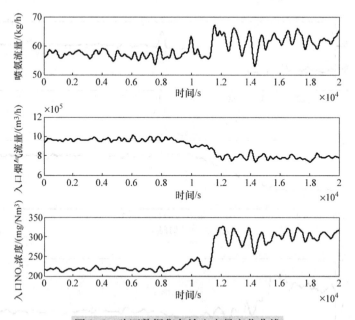

图 8-6　验证数据集各输入变量变化曲线

128

　　第四，分别采用 MUNEAIO 辨识方法和传统 MIMO 辨识方法，辨识三个传递函数模型的参数。MUNEAIO 辨识方法基于三批建模数据，而传统 MIMO 辨识方法仅基于第一批建模数据。利用表 8-1 所示的机理分析计算结果指导确定辨识参数的搜索范围。表 8-2 给出了 SCR 脱硝反应器传递函数模型的辨识结果。图 8-7 ~ 图 8-10 给出了 SCR 反应器出口 NO_x 浓度的模型预测值与实际测量值的对比结果。

表 8-2　SCR 脱硝反应器传递函数模型辨识结果

MUNEAIO 辨识方法	$G_1(s) = \dfrac{\Delta S_{NO_x}(s)}{\Delta G_{NH_3}(s)} = \dfrac{-0.5517}{(2202.3s+1)^2}$
	$G_2(s) = \dfrac{\Delta S_{NO_x}(s)}{\Delta Q_{in}(s)} = \dfrac{1151.9 \times 10^{-5}}{(306s+1)^2}$
	$G_3(s) = \dfrac{\Delta S_{NO_x}(s)}{\Delta S_{NO_x,in}(s)} = \dfrac{0.01}{(1514.5s+1)^2}$
传统 MIMO 辨识方法	$G_1(s) = \dfrac{\Delta S_{NO_x}(s)}{\Delta G_{NH_3}(s)} = \dfrac{-0.3125}{(2495.3s+1)^2}$
	$G_2(s) = \dfrac{\Delta S_{NO_x}(s)}{\Delta Q_{in}(s)} = \dfrac{2.7854 \times 10^{-5}}{(300s+1)^2}$
	$G_3(s) = \dfrac{\Delta S_{NO_x}(s)}{\Delta S_{NO_x,in}(s)} = \dfrac{0.1159}{(1848.4s+1)^2}$

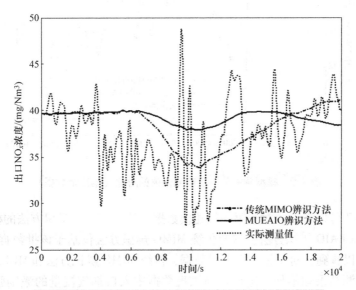

图 8-7　模型预测值与实际测量值的对比（第一批数据）

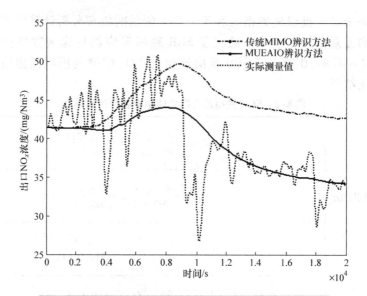

图 8-8　模型预测值与实际测量值的对比（第二批数据）

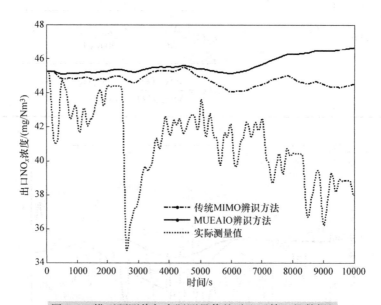

图 8-9　模型预测值与实际测量值的对比（第三批数据）

　　由图 8-7 可以看到，对于第一批建模数据，传统 MIMO 辨识方法的模型预测结果略优于 MUEAIO 辨识方法，这与传统 MIMO 辨识方法仅基于该批数据建模有关。由图 8-9 可以看到，对于第三批建模数据，传统 MIMO 辨识方法和 MUEAIO 辨识方法的模型预测结果均不佳，这可能与该批数据中入口烟气流量的激励强度偏小有关。由图 8-8 和图 8-10 可以看到，对于第二批建模数据和验证数据，MUEAIO 辨

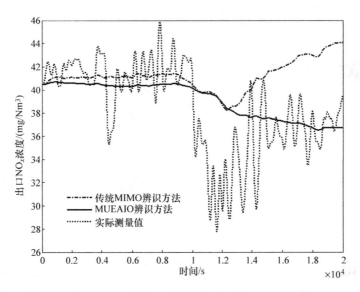

图 8-10　模型预测值与实际测量值的对比（验证数据集）

识方法的模型预测结果均明显优于传统 MIMO 辨识方法。总体来看，采用 MUEAIO
辨识方法所建模型的精度和泛化能力均优于采用传统 MIMO 辨识方法所建的模型。

第 9 章

结论与展望

9.1 结论

综上所述，关于多变量过程智能优化辨识理论及应用主题的研究结果可以归纳为九个创新要点：

1）从工程应用性的角度点评多变量过程模型辨识研究进展；

2）给出多变量过程模型智能优化辨识问题陈述；

3）提出多变量过程模型辨识准确度计算与评价方法；

4）提出多变量过程的模型框架和结构确定方法；

5）提出多变量过程模型准确辨识的激励条件；

6）归纳总结典型多变量过程的机理分析建模原理及传递函数模型；

7）提出融入机理分析建模的多变量过程模型辨识思路；

8）提出基于 M 批不相关自然激励和汇总智能优化的多变量过程辨识理论；

9）通过再热汽温过程、过热汽温过程和脱硝过程的建模案例研究验证所提出的关于多变量过程模型辨识新理论方法的有效性。

9.1.1 多变量过程辨识的研究进展点评

过程辨识理论发展至今已经有 60 多年的研究历史。若根据目前经典的教科书，则过程辨识理论可分为两大类，即经典辨识法和现代辨识法。所谓经典辨识法指的是时域法（阶跃响应测试法、脉冲响应测试法）、频域法、相关分析法和谱分析法。所谓现代辨识法指的是最小二乘法、最小二乘扩展法（增广最小二乘法、广义最小二乘法、辅助变量法、相关二步法、偏差补偿最小二乘法）、梯度校正法、极大似然法和预报误差法。可见目前已经成为研究热点的智能优化辨识方法还没有被归入现代辨识法。作者认为，从过程辨识理论的研究发展趋势看，智能优化辨识将成为现代辨识法大类中的一种主流理论方法。

　　过程辨识又可分为单变量过程辨识和多变量过程辨识两大类。对于单变量过程辨识的研究，已然较广泛且较深入，而对于多变量过程辨识的研究则相差甚远。特别是有许多学者和科技人员还以为，多变量过程辨识问题只要套用单变量过程辨识的方法就可以解决，并且多年来沿着这条错误的工作思路进行研究，结果是无功而返。仅就过程辨识原理而言，多变量过程辨识和单变量过程辨识在表达形式上是没有本质差别的。但是作者认为，多变量过程辨识与单变量过程辨识的本质差别在于一个输出和多个输入之间存在的耦合关系是单变量过程所没有的。若要把多变量过程转换成单变量过程，唯有解耦一条路，而能实现解耦的前提是已知多变量过程模型，这就走进了永远无解的死胡同里。因此，丢弃变换为单变量过程的幻想，直面多变量过程去研究辨识科学才是正道。

　　事实上，多变量过程辨识的相关研究文献已有很多，但是真正重大理论的突破寥寥无几。工程实践应当是科学理论是否成立的试金石。如果严格地考察已有的多变量过程辨识的已有研究成果，认真推敲其方法是否在工程应用环境中真实有效地实现，就会遗憾地发现，许多研究者宣称的已经得到实际工程应用案例佐证的理论方法并非是实际可行的。从是否具有工程应用潜力的角度来考察，作者筛选出四类辨识方法展开研究，研究结果可归纳为四点：第一，最小二乘辨识法是要求白噪声激励的开环方法，基本上不能应对在闭环环境、多变量和有色噪声的实际应用挑战；第二，子空间辨识法也是要求白噪声激励的开环方法且是次优方法，用于多变量过程辨识时有计算负担重的问题，同样不具有所期望的工程应用潜力；第三，顺序激励辨识法在开环条件下应用有现场实现允许性的瓶颈限制，在闭环条件下应用有要求被控过程稳定、控制器模型已知和施加特定激励信号的麻烦，因而也不能算是一种通用方法；第四，智能优化辨识法则是最具有工程应用潜力的方法，其优势在于容易在工程应用中实施，适用条件很宽，特别是不要求外加激励信号，不限制开环闭环环境和噪声条件。

　　按照一般的过程辨识理论，大多要求外加激励信号，比如常见的伪随机二位式序列（PRBS）信号。但是，现场工程师为了生产安全，坚决反对任何外加激励信号。可见外加激励已成为辨识理论实际推广应用的一个大障碍。若采用智能优化辨识法，则可以绕过外加激励这个大障碍。具体做法就是：利用生产过程运行中记录和汇集而成的大数据库，采用人工或智能算法挑选正常运行调节过程里的自然形成的有效的激励信号和过程响应信号数据，再将这些数据预处理后用智能优化辨识法来计算过程模型。这也就是本书主要论述的基于自然激励动态响应数据的多变量过程辨识理论。

　　从实际应用出发，总感觉现有的过程辨识理论对过程的模型结构以及模型结构的误差研究太少。以至于在辨识理论的实际应用过程中，总是很随意地假定一个模型结构，然后花很大的力气去用很多的数据做很复杂的计算，最后得到一个与实际过程特性相差甚远的辨识模型。其实辨识的最大误差常常源于过程模型结构，从根上就错了，再费多少力气也挽救不过来。因此，作者认为应当对如何确定模型结构问题展开深入研究。

大数据分析的流行和人工智能应用的科技发展自然引发人们有了将数据挖掘技术用于多变量过程辨识模型的研究兴趣。其实，这些研究想要解决的是多变量过程辨识选定多变量过程模型输入变量的问题。但是从目前的研究进展看，利用数据挖掘技术解决不了多变量过程辨识模型机构的确定问题。尽管用数据挖掘技术分析过程输入变量的相关性和与过程输出的关联性可以为解决多变量过程辨识选定多变量过程模型输入变量的问题提供一种途径，但是综合看来它并不是可以直接应用的好方法。一个重要的原因是数据分析得到的量化指标的高低取决于所提供的数据源品质，同一过程产生的不同源数据将会产生不同的数据分析结果，所以还不能作为可以信赖的建模依据。

事实上，历来都存在三种建模方法，即黑箱法、白箱法、灰箱法；或者说是理论机理分析法、数据驱动法、机理分析和数据驱动复合法。总之，单用黑箱法建模总有盲目性局限；单用白箱法总有过程知识和过程特性参数的未知性局限；只有将黑箱法和白箱法并用的灰箱法，才能取长补短地取得最大的建模效益。可惜，从目前已查得的研究文献来看，在灰箱建模方面的研究很难有进展。

也许灰箱建模研究的最大障碍还在于白箱建模的艰难性。如果所研究的过程机理比较单一，则较容易研究清楚其中各种关系和动态特性。如果所研究的过程机理比较复杂，则需要各种专业知识和技术资料，还需要有关专家的宝贵经验。所以一个复杂工业过程的机理分析的模型建立，需要大量研究者的智力劳动和长期的历史沉淀。机理分析建模需要做一系列合理的假定条件，需要列写出表述自然规律的数学方程式，查出相关的物理系数和系统设计参数，做各种数学推导、证明和简化计算等。总之，要建立一个复杂动态过程的可靠且准确的模型，面临的困难是难以想象的。

9.1.2 多变量过程模型智能优化辨识问题陈述

对于多变量过程辨识问题，可以归结为一个最优化问题。

参见图 2-1。对于有 r 维输入和 p 维输出的被辨识过程 S，若可测得 N 点输入信号数据向量 $\{u_{ik}; i=1,2,\cdots,r; k=1,2,\cdots,N\}$ 和 N 点输出信号数据向量 $\{y_{jk}; j=1,2,\cdots,p; k=1,2,\cdots,N\}$，并假设已确定可描述被辨识过程 S 的动态特性数学模型的结构和参数形式为 $M(\theta)$，且当把同样的输入信号数据向量 $\{u_{ik}; i=1,2,\cdots,r; k=1,2,\cdots,N\}$ 施加于模型 M 后，可用数字仿真技术算出模型的输出信号数据向量 $\{\hat{y}_{jk}; j=1,2,\cdots,p; k=1,2,\cdots,N\}$，则可采用某种优化算法（如最小二乘法、遗传算法、粒子群算法、布谷鸟算法、差分进化算法等）优化计算出使优化目标函数最小的模型参数 $\hat{\theta}(\hat{\theta}=\arg\min_{\theta}J)$。这个优化目标函数可设为

$$J = \frac{1}{pN} \sum_{j=1}^{p} \sum_{k=1}^{N} (y_{jk} - \hat{y}_{jk})^2$$

在解决多变量过程辨识这个最优化问题时，若采用现代智能优化算法，则可称为多变量过程智能优化辨识。

实际上，解决多变量过程智能优化辨识问题不单纯只靠优化计算方法。在优化计算之前，如何确定可描述被辨识过程 S 的动态特性数学模型 $M(\theta)$ 的结构和参数域更为关键。

9.1.3 多变量模型辨识准确度计算和评价

模型辨识的关键就在于被辨识过程和辨识所得模型之间的特性等价性。两者之间的等价程度越高，意味着模型辨识得越准确。因此，模型辨识准确度可被定义为：被辨识过程和辨识所得模型之间的特性等价程度。

模型辨识准确度可用两方面的指标来衡量，一是用相同输入激励下的过程响应数据和模型响应数据之间的吻合度，二是用被辨识过程的特征参数和辨识所得模型的特征参数的吻合度。

所提出的用相同输入激励下的过程响应数据和模型响应数据之间的吻合度来衡量模型辨识准确度的指标是相对最大误差百分数和相对均方差百分数。

定义相对最大误差百分数为

$$J_{\text{RME}} = \frac{1}{p} \sum_{j=1}^{p} \frac{\max\{|y_{jk} - \hat{y}_{jk}|\}}{\max\{y_{jk}\} - \min\{y_{jk}\}} \times 100\%$$

定义相对均方差百分数为

$$J_{\text{RMSE}} = \frac{1}{p} \sum_{j=1}^{p} \frac{\sqrt{\frac{1}{N} \sum_{k=1}^{N} (y_{jk} - \hat{y}_{jk})^2}}{\max\{y_{jk}\} - \min\{y_{jk}\}} \times 100\%$$

这两种指标可以衡量在相同激励下被辨识过程和辨识所得模型之间的响应曲线吻合程度。对于有 p 个输出量的多变量过程，有 p 条过程响应曲线可与 p 条模型响应曲线相对比。相对最大误差百分数和相对均方差百分数这两个指标就是对 p 对响应曲线吻合程度的量化指标。这两个指标也是实验数据误差分析中常见的指标，通用性强，便于接受和理解。

所提出的用被辨识过程的特征参数和辨识所得模型的特征参数的吻合度来衡量模型辨识准确度的指标是：特征参数增益比、惯性时间比、迟延时间比和增益积。

可定义以下四个基于特征参数吻合度的模型辨识准确度指标：

1）增益比：$P_{\text{K}} = \dfrac{\hat{K}}{K}$；

2）惯性时间比：$P_{\text{T}} = \dfrac{\hat{T}}{T}$；

135

3）迟延时间比：$P_\tau = \dfrac{\hat{\tau}}{\tau}$；

4）增益积：$P_{KM} = K * \hat{K}$。

其中，被辨识过程的先验特征参数分别是增益 K、惯性时间 T、延迟时间 τ；辨识所得模型的特征参数分别是增益 $\hat{K}$、惯性时间 $\hat{T}$、延迟时间 $\hat{\tau}$。被辨识过程的先验特征参数在辨识前一般是可根据被辨识过程的先验知识估算一个数值。一般而言，指标 P_K、P_T 和 P_τ 越接近于 1 越好。而对于 P_{KM}，则要看是否大于 0。$P_{KM} > 0$，说明 K 与 $\hat{K}$ 同号，表明作用方向相同；$P_{KM} < 0$，说明 K 与 $\hat{K}$ 不同号，表明作用方向相反，或者说 $\hat{K}$ 错了。

仅仅使用基于响应数据吻合度的模型辨识准确度指标往往是不够的。例如，当模型结构选取不当时，选用的数据是错误的或是无效的时候，即使得到使 J_{RME} 和 J_{RMSE} 最小数值的模型，那也是错误的模型。此时应该考虑用基于特征参数吻合度的模型辨识准确度指标。选用基于特征参数吻合度的模型辨识准确度指标可对所辨识的模型进行定性或定向的模型偏差检验。

基于特征参数吻合度的模型辨识准确度指标原本是针对单变量过程辨识提出的。它针对的是一个单入单出的过程模型。若是针对一个多入多出的过程，则需要按照每一个某入至某出的过程依次应用。此外，应用基于特征参数吻合度的模型辨识准确度指标需要一个前提条件，那就是过程的先验特征参数是已知的。

9.1.4 多变量过程的模型框架和结构确定方法

传统的辨识理论所给出的模型结构的确定问题实际被过于简单化地归结为过程模型的阶次确定问题，这是不科学的。因为，当模型的阶次确定之后，还有模型零极点的变化，还有迟延环节是否存在的异同。仅解决模型阶次的确定问题，只是确定了模型结构中的一种参量，并不代表模型结构的全部参量的确定。若是考虑多变量过程模型结构的确定问题，则还需要考虑过程输入变量数和过程输出变量数的确定问题。若是考虑非线性模型结构，则还有更多的模型结构参量需要考虑。因此，在众多教科书中将模型结构的确定归结为过程模型的阶次确定的做法值得商榷。

即便是阶数相同的模型，其动态特性可以相差很大，实际需要确定的是模型零极点的大体位置，只有知道了模型零极点的大体位置，才能确定模型的基本特性，例如，微分型、积分型、惯性型或振荡型，这些更细致的模型结构特征，仅靠模型阶次确定是无法区别的。

对于过程模型结构的确定，历来有白箱法和黑箱法之分，或者说是理论法和实验法之分。用白箱法就是根据过程机理的理论分析来确定过程模型结构。用黑箱法就是根据过程的大量实验数据的分析来确定过程模型结构。有人主张用白箱法来确定过程模型结构，因为尽管弄清一个具有复杂工作机理的实际过程很难，但是其建模有根有据，所建模型结构具有较高的可信度。有人主张用黑箱法来确定过程模型结构，因为方法通用、建模便利、不需要很难请到的过程专家来帮忙。其实更多的人倾向于采用灰箱法来确定过程模型结构。用灰箱法就是将白箱法和黑箱法结合在一起来确定过程模型结构。用灰箱法的基本思路就是充分发挥白箱法可靠性高和黑箱法建模便利的优势而回避白箱法技术参数不准和黑箱法盲目性高的劣势。

在多变量过程辨识计算前进行的确定过程模型结构工作可细分为三部分：第一是选定多变量过程模型的输入变量和输出变量；第二是确定各输入输出通道模型的模型结构；第三是确定各通道模型的参数优选域。这三个问题可以作为多变量过程模型结构的基本问题。选定多变量过程模型的输入变量和输出变量的问题可认为是确定模型大结构，或大框架的问题。确定各输入输出通道模型的模型结构可认为是确定模型小结构，或内结构的问题。确定各通道模型的参数优选域可认为是确定模型参数的变化范围或参数数值数量级的问题。

若用机理分析（白箱）的方法来解决定多变量过程模型结构的三个基本问题，则有以下做法：

1）对于确定多变量过程模型的输入变量和输出变量的问题，一般可通过两种思路来解决。一种是通过参考实际控制工程经实践考验成功的传统设计方案，另一种是通过机理建模分析的方式。用机理分析的方法来解决确定多变量过程模型的各输入输出通道模型的结构应该是比较科学的方法。因为根据公认的科学定律，经过严密的数学推导所建立的机理分析模型可以可靠地反映过程的动态特性。通过机理建模的模型是有理有据的，可信度较高。

2）通过机理分析建立起来的过程模型自然确定了多变量过程模型的输入变量和输出变量，也确定了各输入输出通道模型的模型结构。

3）用机理分析建模的方法来解决确定各通道模型的参数优选域问题也是顺带的事情。因为机理分析模型建立起来后，较容易导出物理参数与模型参数之间的关系，所以当具体的物理参数已知时，模型参数值就可推算出来。

当然，机理分析建模是一项非常艰难的工作。特别是面对的工业过程大多是含有复杂过程机理的过程，很不容易研究清楚其中各种关系和动态特性。所以，建立一个较准确的机理分析模型就需要各种专业知识和技术资料，还需要很多专家的宝贵经验，以及大量的研究者付出长期的智力劳动。

若用数据分析（黑箱）的方法来解决多变量过程模型结构的三个基本问题，则要困难得多。对于确定多变量过程模型的输入变量和输出变量的问题，可用多元统计分析的主元分析方法来解决，但是可能有不合理的情况发生，所以用数据分析方法解决确定多变量过程模型的输入变量和输出变量的问题并不是一个通用的方法。对于确定各输入输出通道模型的模型结构的问题，可根据各通道过程阶跃响应特征确定模型结构的方法来解决，当然前提是已获得各通道过程阶跃响应数据。对于确定各通道模型的参数优选域的问题，目前都是凭人工经验或试凑，尚没有可用的数据分析方法。

9.1.5 多变量过程模型准确辨识的激励条件

在单变量过程模型辨识中，为保证模型参数辨识的准确性和收敛性，要求辨识所用的激励至少是 $2n$ 阶持续激励，这已是公认的理论。那么在多变量过程模型辨识中，同样为保证模型参数辨识的准确性和收敛性，也应该有一个理论要求或条件。为此，经严密的理论推导证明，提出多变量过程模型准确辨识的激励条件是：需进行 M 批次的输入激励且各激励向量之间是线性无关的。

多变量过程模型准确辨识的激励条件的理论证明如下：

考虑如图 2-2 所示的多变量过程。该多变量系统中，输入量个数为 m，输入向量为 $U(s) = \begin{bmatrix} U_1(s) & U_2(s) & \cdots & U_m(s) \end{bmatrix}^{\mathrm{T}}$，$U_i(s)(i=1,2,\cdots,m)$ 是系统的第 i 输入；输出量的个数为 q，输出向量为 $Y(s) = \begin{bmatrix} Y_1(s) & Y_2(s) & \cdots & Y_q(s) \end{bmatrix}^{\mathrm{T}}$，$Y_j(s)$ $(j=1,2,\cdots,q)$ 是系统的第 j 输出。

该多变量系统的输入输出关系为

$$Y(s) = G(s)U(s)$$

式中，$G(s)$ 为多变量系统的传递函数矩阵，如下：

$$G(s) = \begin{bmatrix} G_{11}(s) & G_{12}(s) & \cdots & G_{1m}(s) \\ G_{21}(s) & G_{22}(s) & \cdots & G_{2m}(s) \\ \vdots & \vdots & & \vdots \\ G_{q1}(s) & G_{q2}(s) & \cdots & G_{qm}(s) \end{bmatrix}$$

图 2-2 所示的多变量系统，其系统模型 $G(s)$ 为传递函数矩阵，共有 $q \times m$ 个传递函数 $G_{ij}(s)$ 需辨识。若设输入向量 $U^1(s) = \begin{bmatrix} U_1^1(s) & U_2^1(s) & \cdots & U_m^1(s) \end{bmatrix}^{\mathrm{T}}$，在此输入下得到系统的输出为 $Y^1(s) = \begin{bmatrix} Y_1^1(s) & Y_2^1(s) & \cdots & Y_q^1(s) \end{bmatrix}^{\mathrm{T}}$，则

$$\begin{bmatrix} Y_1^1(s) \\ Y_2^1(s) \\ \vdots \\ Y_q^1(s) \end{bmatrix} = \begin{bmatrix} G_{11}(s) & G_{12}(s) & \cdots & G_{1m}(s) \\ G_{21}(s) & G_{22}(s) & \cdots & G_{2m}(s) \\ \vdots & \vdots & \cdots & \vdots \\ G_{q1}(s) & G_{q2}(s) & \cdots & G_{qm}(s) \end{bmatrix} \begin{bmatrix} U_1^1(s) \\ U_2^1(s) \\ \vdots \\ U_m^1(s) \end{bmatrix}$$

由上式可知，已有的 q 个方程不可能唯一地确定 $q \times m$ 个传递函数 $G_{ij}(s)$。要想确定 $q \times m$ 个传递函数 $G_{ij}(s)$，至少需要 $q \times m$ 方程。为此，设计 m 组输入向量 $U^1(s)$，$U^2(s),\cdots,U^m(s)$。第 k 组输入向量为 $U^k(s) = \begin{bmatrix} U_1^k(s) & U_2^k(s) & \cdots & U_m^k(s) \end{bmatrix}^{\mathrm{T}}$，对应的输出向量为 $Y^k(s) = \begin{bmatrix} Y_1^k(s) & Y_2^k(s) & \cdots & Y_q^k(s) \end{bmatrix}^{\mathrm{T}}$。把 m 组输入向量组成矩阵，如下：

$$\overline{U}(s) = \begin{bmatrix} U^1(s) & U^2(s) & \cdots & U^m(s) \end{bmatrix} = \begin{bmatrix} U_1^1(s) & U_1^2(s) & \cdots & U_1^m(s) \\ U_2^1(s) & U_2^2(s) & \cdots & U_2^m(s) \\ \vdots & \vdots & \cdots & \vdots \\ U_m^1(s) & U_m^2(s) & \cdots & U_m^m(s) \end{bmatrix}$$

把 m 组输出向量组成矩阵，如下：

$$\overline{Y}(s) = \begin{bmatrix} Y^1(s) & Y^2(s) & \cdots & Y^m(s) \end{bmatrix} = \begin{bmatrix} Y_1^1(s) & Y_1^2(s) & \cdots & Y_1^m(s) \\ Y_2^1(s) & Y_2^2(s) & \cdots & Y_2^m(s) \\ \vdots & \vdots & \cdots & \vdots \\ Y_q^1(s) & Y_q^2(s) & \cdots & Y_q^m(s) \end{bmatrix}$$

则有

$$\begin{bmatrix} Y_1^1(s) & Y_1^2(s) & \cdots & Y_1^m(s) \\ Y_2^1(s) & Y_2^2(s) & \cdots & Y_2^m(s) \\ \vdots & \vdots & \cdots & \vdots \\ Y_q^1(s) & Y_q^2(s) & \cdots & Y_q^m(s) \end{bmatrix} = \begin{bmatrix} G_{11}(s) & G_{12}(s) & \cdots & G_{1m}(s) \\ G_{21}(s) & G_{22}(s) & \cdots & G_{2m}(s) \\ \vdots & \vdots & \cdots & \vdots \\ G_{q1}(s) & G_{q2}(s) & \cdots & G_{qm}(s) \end{bmatrix} \begin{bmatrix} U_1^1(s) & U_1^2(s) & \cdots & U_1^m(s) \\ U_2^1(s) & U_2^2(s) & \cdots & U_2^m(s) \\ \vdots & \vdots & \cdots & \vdots \\ U_m^1(s) & U_m^2(s) & \cdots & U_m^m(s) \end{bmatrix}$$

由此可知，只要 $\overline{U}(s)$ 的逆矩阵可求，则 $q \times m$ 个传递函数 $G_{ij}(s)$ 可求。设 $\overline{U}(s)$ 逆矩阵为

$$\overline{U}^{-1}(s) = \begin{bmatrix} U_1^1(s) & U_1^2(s) & \cdots & U_1^m(s) \\ U_2^1(s) & U_2^2(s) & \cdots & U_2^m(s) \\ \vdots & \vdots & \cdots & \vdots \\ U_m^1(s) & U_m^2(s) & \cdots & U_m^m(s) \end{bmatrix}^{-1}$$

则有

$$\begin{bmatrix} Y_1^1(s) & Y_1^2(s) & \cdots & Y_1^m(s) \\ Y_2^1(s) & Y_2^2(s) & \cdots & Y_2^m(s) \\ \vdots & \vdots & \cdots & \vdots \\ Y_q^1(s) & Y_q^2(s) & \cdots & Y_q^m(s) \end{bmatrix} \begin{bmatrix} U_1^1(s) & U_1^2(s) & \cdots & U_1^m(s) \\ U_2^1(s) & U_2^2(s) & \cdots & U_2^m(s) \\ \vdots & \vdots & \cdots & \vdots \\ U_m^1(s) & U_m^2(s) & \cdots & U_m^m(s) \end{bmatrix}^{-1} =$$

$$\begin{bmatrix} G_{11}(s) & G_{12}(s) & \cdots & G_{1m}(s) \\ G_{21}(s) & G_{22}(s) & \cdots & G_{2m}(s) \\ \vdots & \vdots & \cdots & \vdots \\ G_{q1}(s) & G_{q2}(s) & \cdots & G_{qm}(s) \end{bmatrix} \begin{bmatrix} U_1^1(s) & U_1^2(s) & \cdots & U_1^m(s) \\ U_2^1(s) & U_2^2(s) & \cdots & U_2^m(s) \\ \vdots & \vdots & \cdots & \vdots \\ U_m^1(s) & U_m^2(s) & \cdots & U_m^m(s) \end{bmatrix} \begin{bmatrix} U_1^1(s) & U_1^2(s) & \cdots & U_1^m(s) \\ U_2^1(s) & U_2^2(s) & \cdots & U_2^m(s) \\ \vdots & \vdots & \cdots & \vdots \\ U_m^1(s) & U_m^2(s) & \cdots & U_m^m(s) \end{bmatrix}^{-1}$$

推得

$$
\begin{bmatrix}
G_{11}(s) & G_{12}(s) & \cdots & G_{1m}(s) \\
G_{21}(s) & G_{22}(s) & \cdots & G_{2m}(s) \\
\vdots & \vdots & & \vdots \\
G_{q1}(s) & G_{q2}(s) & \cdots & G_{qm}(s)
\end{bmatrix}
=
\begin{bmatrix}
Y_1^1(s) & Y_1^2(s) & \cdots & Y_1^m(s) \\
Y_2^1(s) & Y_2^2(s) & \cdots & Y_2^m(s) \\
\vdots & \vdots & & \vdots \\
Y_q^1(s) & Y_q^2(s) & \cdots & Y_q^m(s)
\end{bmatrix}
\begin{bmatrix}
U_1^1(s) & U_1^2(s) & \cdots & U_1^m(s) \\
U_2^1(s) & U_2^2(s) & \cdots & U_2^m(s) \\
\vdots & \vdots & & \vdots \\
U_m^1(s) & U_m^2(s) & \cdots & U_m^m(s)
\end{bmatrix}^{-1}
$$

由此可知，对于输入量的个数为 m 的多变量系统进行系统辨识，需要设计 m 组的输入向量，进行 m 批次的辨识实验，获取 m 组的辨识数据，且只要由 m 组的输入向量组成的输入方阵的逆存在，则该多变量系统的传递函数数学模型可准确地辨识。而 $m \times m$ 维的输入向量方阵的逆存在意味着 m 批次的输入向量之间是线性无关的；也就是说，多变量过程模型辨识的 m 批次的输入激励是不相关的。

至此证明，具有输入变量个数为的 m 多变量过程模型准确辨识的激励条件或要求可归纳为：需进行 m 批次的输入激励且激励向量之间是线性无关的。

除了以上所述的理论证明外，第 5 章给出的多项实验也更直观地证明了这个激励条件是多变量过程模型准确辨识的必要条件。尤其是在 5.2.1 节给出的基于已知模型的多变量过程辨识的 MUNEAIO 方法的实验验证，有力地证明了不满足 m 批次的输入激励且激励向量之间是线性无关的激励条件将得不到多变量过程模型的准确辨识结果。而在 5.2.2 节给出的多变量过程辨识的 MUNEAIO 方法与传统的 MIMO 辨识方法的实验研究，除了证明满足了 m 批次的输入激励且激励向量之间是线性无关激励条件的 MUNEAIO 方法的准确性以外，还证明了只用一个批次数据的传统的 MIMO 辨识方法是不准确和有误差的。不过用传统的 MIMO 辨识方法，虽然有误差，但是其误差是有界的，其模型的伯德曲线与真实模型的伯德曲线是比较接近的。这也许就是目前只用单批次试验的数据来辨识多变量过程模型的做法已被许多研究者所接受的原因之一。

9.1.6 典型多变量过程的机理分析建模原理及传递函数模型

任何现实的动态过程的动态特性都取决于其工作机理。无论多么复杂的动态过程，其动态特性也可用几种主要的工作机理来解释。常见的几种过程工作机理已经被科学家前辈们研究探索过并且发现了其动态特性变化必然遵循几条固有的科学定律。这些宝贵的科学定律就为动态过程的动态特性模型建立提供了科学依据。依据公认的科学定律建立的动态过程的动态特性模型就是机理分析模型。机理分析模型的宝贵特质就在于它的科学性，它比任何只依据实验数据和指标优化得来的模型都要可靠。

在第 3 章中，导出了五类基于单工作机理的典型动态过程和两种基于复合工作机理的典型动态过程的动态特性机理分析模型（共 11 个）。这些机理分析模型的传递函数模型可归纳如下：

1）由弹簧 – 重块 – 阻尼器组成的机械位移系统（机械过程）模型：

$$G(s) = \frac{Y(s)}{F(s)} = \frac{K}{T^2 s^2 + 2\zeta T s + 1}$$

式中，$T = \sqrt{\dfrac{m}{k}}$；$\zeta = \dfrac{f}{2\sqrt{mk}}$；$K = \dfrac{1}{k}$。

2）机械转动系统（机械过程）模型：

$$G(s) = \frac{\theta(s)}{M(s)} = \frac{K}{s(Ts+1)}$$

式中，$T = \dfrac{J}{f}$；$K = \dfrac{1}{f}$。

3）单容液位流体过程（流体过程）模型：

$$G(s) = \frac{\Delta H(s)}{\Delta G_i(s)} = \frac{K}{Ts+1}$$

式中，$T = \dfrac{\rho A}{k}$；$K = \dfrac{1}{k}$。

4）压缩空气系统（流体过程）模型：

$$\frac{\Delta p(s)}{\Delta G_i(s)} = \frac{K}{Ts+1}$$

$$\frac{\Delta p(s)}{\Delta p_o(s)} = \frac{1}{Ts+1}$$

式中，$T = \dfrac{2V \dfrac{\mathrm{d}\rho}{\mathrm{d}p}\sqrt{p_0 - p_{o,0}}}{k}$；$K = \dfrac{2\sqrt{p_0 - p_{o,0}}}{k}$。

5）绝热加热过程（传热过程）模型：

$$\frac{\Delta \theta_o(s)}{\Delta Q(s)} = \frac{K}{Ts+1}$$

式中，$T = \dfrac{M}{G}$；$K = \dfrac{1}{Gc_p}$。

6）有散热的加热过程（传热过程）模型：

$$\frac{\Delta \theta_o(s)}{\Delta Q(s)} = \frac{K}{Ts+1}$$

式中，$T = \dfrac{Mc_p R}{Gc_p R + 1}$；$K = \dfrac{R}{Gc_p R + 1}$。

7）RLC 电路模型：

$$G(s) = \frac{U_o(s)}{U_i(s)} = \frac{1}{T^2 s^2 + 2\zeta T s + 1}$$

式中，$T = \sqrt{LC}$；$\zeta = \dfrac{R}{2}\sqrt{\dfrac{C}{L}}$。

8）运算放大器电路（电子过程）模型：

141

$$G(s) = \frac{U_o(s)}{U_i(s)} = \frac{K}{Ts+1}$$

式中，$T = R_2 C$；$K = -\dfrac{R_2}{R_1}$。

9）连续搅拌釜反应器（化学反应过程）模型：

$$\frac{\Delta c_A(s)}{\Delta T_c(s)} = \frac{a_{12}b_2}{s^2 - (a_{11} + a_{22})s + a_{11}a_{22} - a_{12}a_{21}}$$

$$\frac{\Delta T(s)}{\Delta T_c(s)} = \frac{b_2(s - a_{11})}{s^2 - (a_{11} + a_{22})s + a_{11}a_{22} - a_{12}a_{21}}$$

式中，$a_{11} = -\dfrac{q}{V} - k^0 e^{\left(-\frac{E}{RT_0}\right)}$；$a_{12} = -\dfrac{k^0 E c_{A,0}}{RT_0^2} e^{\left(-\frac{E}{RT_0}\right)}$；$a_{21} = -\dfrac{\Delta H k^0}{\rho C} e^{\left(-\frac{E}{RT_0}\right)}$；

$a_{22} = -\dfrac{1}{V\rho C}\left[(wC + UA) + \dfrac{\Delta H k^0 E c_{A,0} V}{RT_0^2} e^{\left(-\frac{E}{RT_0}\right)}\right]$；$b_2 = \dfrac{UA}{V\rho C}$。

10）励磁控制直流电动机模型：

$$\frac{\theta(s)}{V_f(s)} = \frac{K_1}{s(T_1 s + 1)(T_2 s + 1)}$$

$$\frac{\theta(s)}{T_d(s)} = \frac{-K_2}{s(T_1 s + 1)}$$

式中，$K_1 = \dfrac{K_m}{f R_f}$；$K_2 = \dfrac{1}{f}$；$T_1 = \dfrac{J}{f}$；$T_2 = \dfrac{L_f}{R_f}$。

11）液力执行机构 – 重块系统模型：

$$\frac{\Delta y(s)}{\Delta x(s)} = \frac{K}{s(Ts + 1)}$$

式中，$T = \dfrac{k^2 M x_0^2}{4A^3 \left(\frac{dy}{dt}\right)_0 + fk^2 M x_0^2}$；$K = \dfrac{2A^3 \left(\frac{dy}{dt}\right)_0^2}{4A^3 x_0 \left(\frac{dy}{dt}\right)_0 + fk^2 M x_0^3}$。

以上 11 种机理分析模型对于融入机理分析建模的多变量过程辨识很有参考价值。对于符合以上工作机理的被辨识过程，对应的模型框架和结构可直接作为被辨识过程的模型结构，其计算出的模型参数可作为确定模型参数优化域的参考依据。对于不符合以上工作机理的被辨识过程，可仿照这 11 种机理分析模型推导过程建立相应的机理分析模型。

从这 11 种机理分析模型可以发现，大多数模型具有惯性特性结构，可以认为是现实过程的动态特性，常见的是惯性特性。

可以注意到，两个基于复合工作机理的典型动态过程的动态特性机理分析模型并不是多种基于单工作机理的典型动态过程的机理分析模型的简单叠加。在现实的动态过程中，具有两个以上工作机理的复合工作机理的动态过程并不少见。所以，对于更复杂的动态过程的机理分析模型的建立更加困难。本书第 6 章导出的单相受热管的机理分析模型和第 8 章导出的脱硝过程的机理分析模型就是明证。

9.1.7　融入机理分析建模的多变量过程模型辨识方法

既然研究表明用机理法分析方法确定多变量过程模型结构比用实验数据挖掘类方法更为可靠和实用，那么就很有必要深入和完善确定多变量过程模型结构的具体方法。

融入机理分析建模的多变量过程辨识方法可以简单地说是先进行粗略的机理建模，再进行细致的过程辨识的方法。在这个过程中，机理分析建模的目标是不用十分准确地确定模型总体架构、子模型结构、子子模型结构和子子模型的参数域，而过程辨识的目标是力求准确地优化计算模型的各个参数。

一个多变量过程模型可分解为由 q 个子模型组成的模型，每个子模型中由 m 个子子模型组成，总共有 $m \times q$ 个子子模型，多变量过程模型的总体架构是由 m 个输入和 q 个输出所框定的，所以多变量过程模型的总体架构问题等价于多变量过程模型的输入变量和输出变量的确定问题。由于多变量过程模型是由若干个子模型组成的，所以确定多变量过程模型的总体架构的问题可转化为依次确定多变量过程模型的子模型架构的问题。由于用机理分析法可以建立子模型的具体数学模型，也就能确定子模型架构和相应子子模型的结构及参数，所以确定多变量过程模型的子模型的结构、多变量过程模型子子模型的结构及多变量过程模型子子模型的参数域的问题都可以通过机理分析法建模的途径来解决。

对于确定多变量过程模型的输入变量和输出变量的问题，一般可用两种工作机理的分析方法来解决。一种是用经实践证明有效的实际控制系统工作机理分析方法，另一种是用主要输出变量（控制系统的被控量）动态特性响应过机理分析建模方法。

若用经实践证明有效的实际控制系统工作机理分析方法来确定多变量过程模型的输入变量和输出变量，则可根据实际控制系统传统设计方案来确定多变量过程模型的输入变量和输出变量。一般而言，选择控制系统传统设计方案中的被控量为输出变量；选择控制系统传统设计方案中的控制量为被控过程的输入量；若有前馈控制器，则选择控制系统传统设计方案中的可测扰动量为被控过程的输入量。

若用主要输出变量（控制系统的被控量）动态特性响应过机理分析建模方法来确定多变量过程模型的输入变量和输出变量，则可根据被控过程的主要输出变量的动态特性响应过机理分析建模方法建立的具体模型来确定多变量过程模型的输入变量和输出变量。

可以认为，机理分析建模的模型是有理有据的，是可信度较高的模型，特别是与只依据实验数据和单纯辨识方法所建立的模型相比。对于每一个过程输出变量的动态变化过程都可用机理分析法来建立模型，其结果可能只有一个过程输入量，那就对应于单变量过程模型；也可能具有两个或两个以上的过程输入量，那就对应于多变量过程模型。对于一个具有多个输出变量的复杂动态过程建模，可以依次对每个过程输出变量的动态变化过程用机理分析法来建立模型，然后再综合成一个完整的具有多入多出的多变量过程模型。因此，用机理分析法建立的多变量过程模型，其各子模型的结构是确定的，也就是说，对于每个过程输入对每个过程输出的单入单出通道模型结构是确定的。由此可见，用机理分析建模方法确定多变量过程模型的子模型结构，乃至确定每个过程输入对每个过程输出的单入单出通道模型结构都是合理的和完全可行的。

实际上，辨识计算前所需要确定的模型结构和所建的机理分析模型结构之间常常是不能完全匹配的。所以，需要根据实际情况做一些变换和处理。

从第 3 章基于机理分析建立的五类具有单一工作机理的典型系统和具有多工作机理的两种混合系统的模型来看，其模型参数都和具体过程的特性参数相关联，而且这些与同类模型参数相对应的过程特性参数都有相似的物理意义。从这些关系式可以看出过程模型时间常数 T 主要与过程的容量特性参数成正比。例如，机械系统的质量 m 或惯量 J；液力系统的容器截面积 A；气体系统的容器容积 V；RLC 电路的电容 C 和电感 L；运算放大器的电容 C；液压执行机构－重块系统的重块质量 M。只要知道了过程容量特性参数和相关参数，利用这些关系式就可以计算出过程模型时间常数 T 的数值。即使不能准确知道这些关系式中的过程特性参数，也可以通过相似案例的数据做出一个参数最大值和最小值的估计，从而利用这些关系式计算出模型参数的参数域估计，为模型辨识计算做好准备。

9.1.8　基于 M 批不相关自然激励和汇总智能优化的多变量过程辨识

所提出的基于 M 批不相关自然激励和汇总智能优化的多变量过程系统辨识方法的要点是：第一，对于有 M 维输入的多变量过程辨识选用至少 M 批次自然激励响应数据，且满足其各批次的激励信号向量是不相关的要求；第二，把采集到的过程输入输出数据经过预处理后汇总到一起作为辨识用数据；第三，采用汇总优化指标，用智能优化算法进行辨识多变量过程模型的辨识计算。这种方法称为基于 M 批不相关自然激励和汇总智能优化的多变量过程系统辨识，其英文为 M－batch Uncorrelated Natural Excitation and Assembly Intelligent Optimization，取其缩写为 MUNEAIO。简称为多变量过程辨识的 MUNEAIO 方法。

MUNEAIO 方法选用的模型为连续时间的传递函数矩阵模型。

假设采样时间为 T_s，采样数据总数为 N，那么，可采集到动态数据组群为 $\{u_{i,j,k}, i=1,2,\cdots,M; j=1,2,\cdots,Q; k=1,2,\cdots,N\}$ 和 $\{y_{i,j,k}, i=1,2,\cdots,M; j=1,2,\cdots, Q; k=1,2,\cdots,N\}$。采样时间 T_s 的确定原则是小于被辨识多变量系统中最快的过程的动态过程的时间常数的几千分之一。采样数据总数 N 的确定原则是大于被辨识多变量系统中最慢过程的调整时间常数的数倍与采样时间的比值。

在实际的工程应用中，一般是没有条件实现人为设计的 M 次不相关的激励试验，所以所需的 M 批不相关激励响应数据只能在实际过程运行的历史数据库中人工地选取或用智能算法筛选。从实际过程运行的历史数据库选取 M 批不相关激励下的自然响应数据，目前还没有公认的方法。综合已有的相关研究文献，提出以下几条选取原则：

1）每批数据的信噪比足够大；

2）每批数据时间长度应足够长；

3）每批数据的输出响应起点时刻应选在相对稳定的动态平衡段内；

4）至少选取 M 批符合要求的数据；

5）在 M 批数据数据中，每个过程输入（自然激励）的动态变化至少有一批数据中是相对比较大的，例如波动峰峰值超过传感器量程的 25%；

6）在 M 批数据数据中，每个过程输入或输出量的超限时间段占总取样时间段的比例很小。

多变量过程模型辨识问题可以归结为一种最优化问题。解决最优化问题的关键之一是设计好最优化性能指标函数。用 M 批不相关激励响应数据来进行多变量过程辨识优化计算所用的最优化性能指标函数如下：

$$J = \sum_{i=1}^{M} J_i = \sum_{i=1}^{M} \sqrt{\frac{1}{QN} \sum_{j=1}^{Q} \sum_{k=1}^{N} \left(y_{ijk} - \hat{y}_{ijk}\right)^2}$$

式中的 $\{\hat{y}_{i,j,k}, i = 1, 2, \cdots, M; j = 1, 2, \cdots, Q; k = 1, 2, \cdots, N\}$ 是用所辨识的模型 $\hat{G}_{ij}(s)$ 通过仿真计算得出的在相同激励输入下的响应数据。使最优化性能指标函数最小，就是求得使 M 个批次的 Q 条实际输出响应曲线与对应的模型响应曲线都得到最佳吻合。将分批次采集的辨识数据汇总起来，集中做辨识的优化计算，就是汇总优化的含义。汇总优化辨识计算是有别于目前流行的用单批次数据做辨识计算的传统方式，是 MUNEAIO 新辨识方法的显著标志。

在进行优化计算时，可以采用多种现代智能优化算法。例如 PSO 法、差分进化法、布谷鸟法等。

9.1.9　多变量过程模型辨识新理论的应用案例研究

通过再热汽温过程、过热汽温过程和脱硝过程的建模案例研究，本书的第 6 ~ 8 章验证了所提出的多变量过程模型辨识新理论方法的有效性。

第 6 章的案例研究比较深入和广泛。对多变量过程模型辨识新理论方法中的多变量过程模型准确辨识的激励条件、融入机理分析建模的确定多变量过程模型的框架、结构和参数域的方法以及应用自然激励响应数据进行多变量过程模型辨识的 MUNEAIO 方法都有应用。

再热汽温系统的实质是一个风烟–蒸汽对流换热器，蒸汽和烟气分别在管内和管外流动，管内流动的工质在受热过程中不会发生相变，因此再热汽温系统的机理建模可套用所谓的单相受热管机理建模方法。根据单相受热管机理分析建立的数学模型是具有三输入单输出的系统框架，这个框架就被选为被辨识过程的模型框架。根据单相受热管机理分析建立的数学模型的三个通道的传递函数模型为多容惯性结构，这种模型结构就被选为被辨识过程的模型结构。实际上，从原理性的模型到实际工程中具体使用的模型还是有若干技术问题需要解决的。单相受热管分布参数模型方法的工程应用就有一些瓶颈问题，诸如标幺值模型转换为实际值模型的问题，焓值转换为温度值的问题，温度测量传感器的问题，过程控制量与模型输入量的换算问题。当这些问题都有了解决方案时，具体的再热汽温过程数学模型就可以计算得出。第 6 章的案例是某电厂的 660MW 超超临界压力锅炉的再热汽温过程。根据其锅炉建造说明书及相关技术资料提供的技术参数，可直接算出该再热汽温过程的数学模型。有了根据技术参数算出的机理分析模型参数，再进行同结构的模型辨识计算就很容易确定模型参数的优化域，一般可选择机理分析模型参数值的左右邻域为被辨识模型参数的优化域。

第 6 章案例的辨识结果充分表明，所提出的融入机理分析建模的多变量过程模型辨识方法是有效的，对于任何符合单相受热管换热机理的换热器过程的模型建立都有参考价值。

第 7 章的过热汽温过程建模案例研究只限于过热器减温器的换热过程的建模。由于这个换热过程涉及双相换热机理与第 6 章所述的单相受热管类的换热过程的工作机理不同，故第 6 章导出的单相受热管类的换热过程的机理模型不可套用。第 7 章所用的过热器减温器的换热过程机理模型结构取自已有的研究文献，从建模效果来看，基本是可行的。至于过热汽温过程的过热器部分的建模，因为是属于单相受热管类的换热过程，所以可以利用第 6 章导出的单相受热管的机理模型。

第 7 章的过热汽温过程建模案例研究主要是验证了多变量过程辨识的 MU-NEAIO 方法的有效性。此外，在用 MUNEAIO 方法进行过热器减温器的换热过程建模时用的是差分进化算法而不是粒子群算法，这表明在用 MUNEAIO 方法时，多种做优化的智能优化算法都可以选用。

在第 8 章的脱硝过程的建模案例研究中，较全面地应用了所提出的多变量过程模型辨识新理论方法。首先通过机理分析建立了催化还原（SCR）脱硝反应器的动态机理分析模型，为模型辨识提供了模型结构；其次，通过代入具体工艺参数试算后还进一步把三阶模型简化为二阶模型；第三，从实际脱硝过程的运行数据中选取多批自然激励响应数据组成辨识数据集和验证数据集；第四，用 MUNEAIO 方法辨识出脱硝过程的传递函数模型。

9.2　展望

以前的多变量过程辨识理论研究，明显存在五种倾向：一是试图用开环辨识方法去解决闭环辨识问题；二是试图用单变量辨识方法去解决多变量辨识问题；三是试图用递推计算方法去解决多维复杂实时在线辨识计算问题；四是试图用黑箱辨识（数据驱动）方法去解决一切建模问题；五是试图用针对假设模型创建的完美辨识理论来取代针对真实过程的提出的不完美的实用辨识理论。然而，几十年的研究结果表明，这些努力并没有收到预期的效果。因此，本书的研究做出了反其道而行之的努力，虽已取得可观的进展，但想要真正地解决问题还远远不够。

展望未来，在多变量过程辨识理论上需要研究的课题有很多。以下不妨罗列一些研究课题：

1）用于多变量过程辨识的机理分析建模理论；

2）用于多变量过程辨识的自然激励响应数据筛选方法及自动智能筛选算法设计；

3）多变量过程的非线性模型辨识理论；

4）非零初态条件下的多变量过程辨识理论；

5）多变量过程辨识的智能优化算法应用；

6）多变量过程辨识的可辨识性研究。

参考文献

[1] 方崇智，萧德云．过程辨识［M］．北京：清华大学出版社，1988.

[2] 萧德云．系统辨识理论及应用［M］．北京：清华大学出版社，2014.

[3] 伊泽曼，明奇霍夫．动态系统辨识——导论及应用［M］．杨帆，耿立辉，译．北京：机械工业出版社，2016.

[4] 潘立登，潘仰东．系统辨识与建模［M］．北京：化学工业出版社，2004.

[5] 李少远，蔡文剑．工业过程辨识与控制［M］．北京：化学工业出版社，2010.

[6] 刘党辉，等．系统辨识方法及应用［M］．北京：国防工业出版社，2010.

[7] 刘峰，万雄波．系统辨识与建模［M］．武汉：中国地质大学出版社，2019.

[8] 张溥明，王志中．系统模型与辨识［M］．上海：上海交通大学出版社，2015.

[9] 王晓陵．系统建模与参数估计［M］．哈尔滨：哈尔滨工程大学出版社，2003.

[10] 王志贤．最优状态估计与辨识［M］．西安：西北工业大学出版社，2004.

[11] 马卡，塞勒．动态系统建模与控制［M］．李乃文，孙江宏，等译．北京：清华大学出版社，2006.

[12] 韩璞．现代工程控制论［M］．北京：中国电力出版社，2017.

[13] 徐小平，钱富才，刘丁．基于 PSO 算法的系统辨识方法［J］．系统仿真学报，2008，20（13）：3525 – 3528.

[14] 靳其兵，张建，权玲，等．基于混合 PSO – SQP 算法同时实现多变量的结构和参数辨识［J］．控制与决策，2011，26（9）：1373 – 1381

[15] 张洪涛，胡红丽，徐欣航，等．基于粒子群算法的火电厂热工过程模型辨识［J］．热力发电，2010，39（5）：59 – 61.

[16] 于希宁，李亮，范瑾．改进遗传算法在 CFB 锅炉热工过程建模中的应用［J］．系统仿真学报，2008，20（17）：4727 – 4730.

[17] 张经纬，归一数，康英伟，等．基于改进粒子群算法的锅炉再热蒸汽温度模型辨识［J］．热力发电，2017，46（7）：73 – 78.

[18] 袁晗，徐春梅，杨平．基于 PSO 的不稳定过程和稳定过程的辨识［J］．科技通报，2017，33（8）：180 – 184.

[19] 苏荣强，吴恒运，杨国田．超超临界二次再热机组再热蒸汽温度模型辨识［J］．热力发电，2016，45（5）：62 – 67.

[20] 韩璞，袁世通，张金营．超超临界锅炉主汽温控制系统的建模研究［J］．计算机仿真，2013，30（12）：115 – 120.

[21] 袁世通，韩璞，刘千．超超临界机组主汽压控制系统的辨识研究［J］．计算机仿真，2014，31（3）：151 – 154，260.

[22] 寇得民．多变量过程智能辨识与解耦控制［D］．兰州：兰州理工大学，2008.

[23] 田晓栋．多变量热工系统模型辨识方法研究［D］．保定：华北电力大学，2008.

[24] 程志金．多变量系统辨识方法的研究及应用［D］．北京：北京化工大学，2012.

[25] 汪克文．系统辨识若干问题的研究［D］．北京：北京化工大学，2014.

［26］王欣峰，白建云，李金霞，等. 基于多输入多输出系统循环流化床锅炉床温智能辨识方法［J］. 热力发电，2018，47（7）：40-45.

［27］杨儒，张悦，冷辉. 循环流化床床温的多变量建模［J］. 计算机仿真，2019，36（4）：52-93.

［28］袁世通. 1000MW 超超临界机组建模理论与方法的研究［D］. 北京：华北电力大学，2015.

［29］戚林峰. 基于群布谷鸟算法的模型参数辨识与 PID 控制器设计方法研究［D］. 北京：北京化工大学，2015.

［30］杨平，于会群，彭道刚，等. 闭环过程辨识理论及应用技术［M］. 北京：机械工业出版社，2019.

［31］GOPINATH B. On the Identification of Linear Time Invariant Systems from Input - OutputData［J］. BellDydtemTech，1969，48：1101-1113.

［32］BUDIN M A. Minimal Realization of Discrete System from Input - OutputObservation［J］. IEEETrans. onAutomaticControl，1971，AC-16：395-401.

［33］BUDIN M A. A New Approach to System Identification［J］. IEEE Trans. SMc，1972，2：396-402.

［34］PASSERI A P，HERGET C J. Parameter Identification of a Class of MultipleInput／Output Linear Discrete - time Systems［C］. JAAC，Stanford，1972，786-793.

［35］GUPTA R D，FAIRMAN E W. Parameter Estimation for Multivariable Systems［J］. IEEE Trans. on Automatic Control，1974，AC-19：546-549.

［36］GUIDORZI R. Canonical Structure in the Identification of Multivariable System［J］. Automatica，1975，11（4）：361-374.

［37］SINHA N K. KWONG Y H. Recursive Identification of the Parameters of Muhivariable System［C］. Proc. of the 4th IFAC Symp. on MultivariableTechnological System，1976，323-328.

［38］GAUTHSER A，LANDAU I D. On the Recursive Identification of the Multi - input Multi - output System［J］. Automatica，1978，14：609.

［39］SHERIEFI H E，SINHA N K. Stochastic Approximation Algorithm foe the Identification of Linear Multivariable System［J］. IEEE Trans. on AutomaticControl，1979，AC-24：331-332.

［40］王秀峰，卢贵章. 多变量线性系统的递推辨识算法［J］. 自动化学报，1981，7（4）：274-282.

［41］DIEKMARM K，UNBEHAUEN H. Recursive Identification of Multi - input，Muld - output Systems［C］. 5th IFAC Symp. Identification and System parameterEstimation，Darmstadt，FRG，1979.

［42］DIEKMANN K，UNBEHAUEN H. International Conference on Control and itsApplication：Identification of Submodel ofMulti - Input，Multi - Output Systems［C］. University of Warwick，1981：22-25.

［43］DIEKMANN K，UNBEHAUEN H. Proceeding of 6th IFAC Symposium：Identification and System Parameter Estimation［C］. New York，Pergamon，1983：235-240.

［44］BOKER J，KEVICZKY L. Structural Preperties and Structure Estimation of VectorDifference Equations［J］. Int. J. Control，1982，36：461-475.

[45] 邓自立，郭一新．多变量 CARMA 模型的结构辨识［J］．自动化学报，1986，12（1）：18－24.

[46] 潘立登．多变量系统辨识［J］．炼油化工学报，1989（1）．

[47] 潘立登．多变量系统子子模型辨识［J］．北京化工大学学报，1988，15（4）：80－90.

[48] 潘立登，杜怀京．动态多变量 CARMA 模型结构及参数辨识［J］．系统工程学报，1992，7（1）：136－144.

[49] 胡仰曾．线性多变量随机系统的闭环辨识［J］．华东师范大学学报，1981（3）：40－46.

[50] 姜复兴，吴广玉．多变量闭环系统的辨识［J］．自动化技术与应用，1986，5（2）：14－20.

[51] 胡云波，张伟．多变量过程闭环辨识在稳压器中的应用［J］．电力科学与工程，2018，34（5）：8－11.

[52] 吴昊，余岳峰，徐星星．多输入多输出热工系统的辨识与建模研究［J］．动力工程学报，2010，30（3）：196－200.

[53] 郭利进，吕亚锋，周博．一种热氧化炉的多输入多输出系统参数辨识研究［J］．计算机与应用化学，2015，32（7）：793－798.

[54] 袁平．多变量系统辨识方法比较研究［D］．无锡：江南大学，2008．

[55] 韩贺强．方程误差类多变量系统的迭代辨识［D］．无锡：江南大学，2010．

[56] 王珠．若干类多变量线性系统模型辨识方法研究［D］．北京：北京化工大学，2016.

[57] 王莉，杨宝星，孙旸．基于最小二乘法研究一类过程的模型化［J］．牡丹江师范学院学报（自然科学版），2011（2）：20－22.

[58] 王修中，岳红，高东杰．二阶加滞后连续模型的直接辨识［J］．自动化学报，2001，27（5）：728－731.

[59] 刘波．多变量系统辨识中的测试信号分析与研究［D］．杭州：浙江大学，2008.

[60] 姚莉．多变量模型测试信号设计与辨识［D］．杭州：浙江大学，2006.

[61] KUNG S Y. A New Identification Method and Reduction Algorithms via Singular Value Decomposion［J］．Systems and Comp，CA，1978，4（1）：3－15.

[62] LEW J S, JUANG J N, LONGMAN R W. Comparision of Several System Identification Methods for Flexible Structures［J］．Journal and Vibration，1993，167（1）：461－480.

[63] MOONEN M, MOOR B D, VANDENBERGHE L, et al. On and Out Line Identification of Linear State—Space Models［J］．International Journal of Control，1989，49（1）：219－232.

[64] ARUN K S, KUNG S Y. Balanced Approximation of Stochastic System［J］．Matrix Analysis and Application，1990，11（1）：42－68.

[65] LARIMORE, WALLACE E. Canonical Vitiate Analysis in Identification, Fltering and Adaptive Control［A］．Proceedings of the 29th Conference on Decision and Control［C］．Sydney：IEEE Press，1990：596－604.

[66] MICHEL V. Identification of the Deterministic Part of MIMO State Space Models Given in Innovations Form from Input－Output Data［J］．Automatica，1994，30（1）：61－74.

[67] OVERSHCEE P V, MOOR B D. N4SID：subspace algorithms for the identification of combined deterministic－stochastic systems［J］．Automatica，1994，30（1）：75－93.

［68］ FAVOREEL W, VAN HUFFEL S, MOOR B D. Comparative Study between Three Subspace Identification Algorithms ［A］. Proceedings of the 5th European Control Conference ECC ［C］. Slovenia: IEEE Press, 1999: 45 – 50.

［69］ OVERSCHEE P V, MOOR B D. Subspace Identification for Linear Systems: Theory, Implementation, Applications ［M］. Netherlands: Kluwer Academic Publishers, 1996.

［70］ TOHRU K. Subspace Methods for System Identification ［M］. London: Springer, 2005.

［71］ HUANG B, KADALI R. Dynamic Modeling, Predictive Control and Perfomlance—A Data – driven Subspace Approach ［M］. London: Springer, 2008.

［72］ WANG J, QIN S J. A New Subspace Identification Approach based on Principal Component Analysis ［J］. Journal of Process Control, 2002, 12 （1）: 841 – 855.

［73］ HUANG B, DING S X, QIN S J. Closed – Loop Subspace Identification: An Orthogonal Projection Approach ［J］. Journal of Process Control, 2005, 15 （1）: 53 – 66.

［74］ GUSTAFSSON T. Subspace Methods for System Identification and Signal Processing ［M］. Sweden: Chalmers University of Tech, 1999.

［75］ JASSON M, WAHBERG B O. On Consistency of Subspace Method for System Identification ［J］. Automatica, 1998, 34 （12）: 1507 – 1519.

［76］ LJUNG L, MC KELVEV T. Subspace Identification from Closed Loop Data ［J］. Signal Procesing, 1996, 52 （1）: 209 – 215.

［77］ BAUER D. Comparing the CCA Subspace Method to Pseudo Maximum Likelihood Methods in the Case of No Exogenous Inputs ［J］. Journal of Time Series Analysis, 2005, 26 （5）: 631 – 668.

［78］ 聂云姬. 多变量闭环系统辨识算法的研究 ［D］. 北京: 北京化工大学, 2005.

［79］ 温之建. 多变量系统辨识的研究与应用 ［D］. 北京: 北京化工大学, 2004.

［80］ 刘晓雷. 多变量建模技术的研究 ［D］. 北京: 北京化工大学, 2006.

［81］ 陈桃生. 多变量过程系统辨识研究 ［D］. 北京: 北京化工大学, 2008.

［82］ 王明明. 多变量闭环辨识 ［D］. 北京: 北京化工大学, 2009.

［83］ 刘浩. 基于子空间方法的热工系统闭环辨识的研究 ［D］. 保定: 华北电力大学, 2008.

［84］ 吴永玲. 数据驱动控制系统的时变辨识与饱和特性分析 ［D］. 上海: 上海交通大学, 2010.

［85］ 罗小锁. 基于子空间辨识的预测控制方法研究 ［D］. 重庆: 重庆大学, 2011.

［86］ 黄宇. 基于量子计算的热工过程辨识研究及应用 ［D］. 保定: 华北电力大学, 2012.

［87］ 杨春. 基于子空间方法的系统辨识在回转窑窑温建模中的应用研究 ［D］. 长沙: 湖南大学, 2013.

［88］ 包春喜. 闭环条件下的多变量系统辨识方法研究 ［D］. 保定: 华北电力大学, 2017.

［89］ 庄旭. 面向抽水蓄能电机的多变量先进辨识方法研究 ［D］. 哈尔滨: 哈尔滨理工大学, 2018

［90］ 葛连明. 子空间辨识算法及预测控制研究 ［D］. 南京: 南京邮电大学, 2019.

［91］ 斛亚旭. 基于子空间辨识的 SNCR 脱硝系统的多模型预测控制 ［D］. 太原: 山西大学, 2019

［92］ 杨华. 基于子空间方法的系统辨识及预测控制设计 ［D］. 上海: 上海交通大学, 2007.

［93］曾九孙．高炉冶炼过程的子空间辨识、预测及控制［D］．杭州：浙江大学，2009．

［94］李经吴．子空间预测控制及其在 CFB 锅炉燃烧系统的研究［D］．沈阳：东北大学，2008．

［95］温之建，潘立登．子空间辨识方法的研究与改进［J］．北京化工大学学报，2004，31
（3）：99 - 101．

［96］靳其兵，刘洪涛，张更艳．利用子空间方法辨识加热炉系统模型［J］．油气田地面工程，
2006，25（8）：7 - 9．

［97］靳其兵，刘晓雷．基于主元分析的子空间辨识算法［J］．计算机仿真，2007，24（3）：
101 - 103．

［98］聂云姬，潘立登．递推子空间模型辨识算法的研究与仿真［J］．计算机仿真，2006，23
（2）：82 - 85．

［99］衷路生．状态空间模型辨识方法研究［D］．长沙：中南大学，2011．

［100］梅华．基于闭环阶跃测试的工业多变量过程分散辨识与自整定 PID 控制［D］．上海：上
海交通大学，2006．

［101］李少远，梅华，齐臣坤．基于阶跃响应测试的多变量系统结构化闭环辨识方法［P］．中国
专利 03142181.4，2004．

［102］李慧，陈灿．一种多变量系统辨识法及其在蒸发过程的应用［J］．计算机工程与应用，
2016，52（12）：221 - 226．

［103］曹丽婷．时滞及非方多变量系统的辨识与内模控制研究［D］．北京：北京化工大学，
2015．

［104］齐臣坤．基于阶跃响应测试的过程控制系统辨识与应用［D］．上海：上海交通大学，
2004．

［105］IRWIN G，BROWN M，HOGG B，et al. Neural Network Modelling of a 200 MW Boiler System
［J］. IEE Proceedings - Control Theory and Applications，1995，142（6）：529 - 536．

［106］杨超，周怀春，於正前．多层前向神经网络建模及其在火电厂系统辨识中的应用［J］．
自动化与仪器仪表，2003（5）：23 - 25．

［107］肖本贤，王晓伟，刘一福．MPSO - RBF 优化策略在锅炉过热系统辨识中的仿真研究［J］．
系统仿真学报，2007（6）：1382 - 1385．

［108］刘莉萍，常喜茂，卢峰，等．基于遗传算法的 SCR 氨流量模型辨识［J］．电力科学与工
程，2011，27（5）：48 - 51．

［109］MOHAMED O，WANG J H，GUO S，et al. Mathematical Modelling for Coal Fired Supercritical
Power Plants and Model Parameter Identification Using Genetic Algorithms［M］//Electrical Engi-
neering and Applied Computing. Berlin：Springer Netherlands，2011：1 - 13．

［110］LIU Y J，HE X X. Modeling Identification of Power Plant Thermal Process Based on PSO Algo-
rithm［C］.//American Control Conference，2005. Proceedings of the 2005. IEEE，2005：
4484 - 4489．

［111］靳其兵，吴登峰，王再富，等．一种基于 PSO 算法的闭环辨识方法［J］．化工自动化及
仪表，2010（2）：7 - 10．

［112］董泽，丁方，桑士杰．基于 PSO 算法的 1000MW 机组主汽温系统辨识［J］．电力科学与
工程，2012（12）：1 - 5．

[113] 李阳海，王坤，黄树红，等．粒子群优化算法及其在发电机组调速系统参数辨识中的应用 [J]．热能动力工程，2011 (6)：747 – 750.

[114] 柯尊光，高海东，高林，等．粒子群参数辨识的超（超）临界锅炉负荷响应数学建模 [J]．热力发电，2015 (10)：102 – 106.

[115] 冯美方，吴恒运，房方．超超临界二次再热机组过热汽温模型辨识 [J]．华北电力大学学报（自然科学版），2016 (1)：76 – 80.

[116] 徐志成，张建明，王树青．PSO 算法在过程模型参数辨识中的应用 [J]．电气自动化，2005 (4)：29 – 32.

[117] 徐小平，钱富才，刘丁，等．基于 PSO 算法的系统辨识方法 [J]．系统仿真学报，2008，13：3525 – 3528.

[118] 赵洋，韦莉，张逸成，等．基于粒子群优化的超级电容器模型结构与参数辨识 [J]．中国电机工程学报，2012，15：155 – 161.

[119] OMAR S H, MORALES C R OBERTO, RANGEL M J OSE, et al. Parameter Identification of PMSMs Using Experimental Measurements and a PSO Algorithm [J]. IEEE Transactions on Instrumentation and Measurement, 2015, 64 (8), 2046 – 2054.

[120] 林卫星，张惠娣，刘士荣，等．应用粒子群优化算法辨识 Hammerstein 模型 [J]．仪器仪表学报，2006 (1)：75 – 79.

[121] 张艳，李少远，王笑波，等．基于粒子群优化的 Wiener 模型辨识与实例研究 [J]．控制理论与应用，2006 (6)：991 – 995.

[122] ALFI A. 具有适应性突变和惯性权重的粒子群优化（PSO）算法及其在动态系统参数估计中的应用 [J]．自动化学报，2011 (5)：541 – 549.

[123] 郭义波．热工过程模型辨识方法应用研究 [D]．上海：上海电力大学，2016.

[124] 乔静．一次调频系统模型辨识与控制性能评价 [D]．上海：上海电力大学，2018.

[125] 袁晗．基于 PSO 的多变量系统辨识及发电工程应用 [D]．上海：上海电力大学，2017

[126] 杨帆．设定值激励闭环辨识工程技术研究 [D]．上海：上海电力大学，2018.

[127] 张晓林．一次调频运行模型与运行状态评价 [D]．上海：上海电力大学，2018.

[128] 蔡雨晴．再热汽温模型的机理分析与辨识试验融合建模 [D]．上海：上海电力大学，2020.

[129] 蔡雨晴．单相受热管集总参数模型优化及现代控制工程应用 [J]．华电技术，2019，41 (6)：1 – 5，22.

[130] 蔡雨晴．基于 MUEAIO 方法的再热汽温系统模型辨识 [J]．热能动力工程，2021，36 (1)：10 – 15.

[131] 韩璞．智能控制理论及应用 [M]．北京：中国电力出版社，2013.

[132] 孙剑．大型流化床锅炉燃烧特性与建模研究 [D]．保定：华北电力大学，2010.

[133] 孙明，韩璞，等．600MW 汽包炉给水系统的模型辨识 [J]．计算机仿真，2016，33 (2)：433 – 437.

[134] 孙明，韩璞，等．600MW 燃煤机组燃烧系统的建模研究 [J]．计算机仿真，2016，33 (1)：416 – 419.

[135] 卢晓玲，马平．基于 PSO 的超临界 600MW 给水系统模型辨识 [J]．计算机仿真，2015，

32（1）：446-448.

[136] 韦根原，赵鹏旭，韩璞．基于混沌粒子群算法的火电机组热工过程辨识方法 [J]．热力发电，2014，43（10）：35-39.

[137] 袁世通，韩璞，孙明．基于大数据的多变量建模方法研究 [J]．系统仿真学报，2014，26（7）：1454-1459.

[138] 韩璞，袁世通．基于大数据和双量子粒子群算法的多变量系统辨识 [J]．中国电机工程学报，2014，34（32）：5779-5787.

[139] 尹二新．大型火电机组控制系统数据驱动建模方法研究与应用 [D]．保定：华北电力大学，2018.

[140] 董泽，尹二新．基于状态观测与教学优化算法的多变量历史数据驱动辨识 [J]．控制理论及应用，2017，34（10）：1369-1379.

[141] 董泽，尹二新，韩璞．基于迟延估计与 kalman 状态跟踪的热工过程动态数据驱动建模 [J]．动力工程学报，2018，38（3）：203-210.

[142] 乔静，归一数，杨平，等．混合 Box_ Jenkins 模型交替辨识及在电厂脱硝系统中的应用 [J]．热能动力工程，2018，33（6）：109-114.

[143] 李锦．多输入多输出系统辨识方法及其在火电机组控制中的应用 [D]．武汉：华中科技大学，2003.

[144] 康英伟，刘向伟，郑鹏远，等．基于 PMI 变量选择方法和 NSDE 算法的 SCR 系统模型辨识 [J]．热能动力工程，2019，34（2）：75-81.

[145] 张小桃，倪维斗，李政，等．基于主元分析与现场数据的过热汽温动态建模研究 [J]．中国电机工程学报．2005，25（5）：131-135.

[146] 张小桃，王爱军，倪维斗．基于现场数据与主元分析热工动态过程研究 [J]．汽轮机技术，2007，49（4）：253-255.

[147] 张小桃，王爱军，王继东，等．热工多变量动态过程主导因素的确定 [J]．热能动力工程，2007，22（4）：414-417.

[148] 侯晓宁．基于现场数据和主元分析的主汽温系统多变量建模 [J]．华电技术，2018，40（5）：25-29，32.

[149] 刘森，韩璞，张婷．超超临界二次再热机组再热汽温系统模型辨识 [J]．计算机仿真，2018，35（5）：91-97.

[150] 张玉铎．系统辨识与建模 [M]．北京：水利电力出版社，1995.

[151] 黄龙诚．基于机理与数据混合驱动的高炉分布式炉温建模方法研究 [D]．杭州：浙江大学，2013.

[152] 邱钟扬．基于机理建模与运行数据辨识的电站锅炉过热器壁温分析 [D]．杭州：浙江大学，2016.

[153] 彭雄伟．基于数据驱动与机理模型混合的炼钢－连铸流程能耗建模与优化 [D]．沈阳：东北大学，2016.

[154] 徐亮．燃煤机组全流程机理建模及若干关键运行与控制优化问题研究 [D]．上海：上海交通大学，2016.

[155] 王玉坤．直吹式制粉系统磨煤机机理建模仿真与优化运行 [D]．保定：华北电力大

学，2018．

[156] 龚烽．超临界机组汽轮机系统的机理建模 ［D］．保定：华北电力大学，2018．

[157] 袁雪峰．电极浸入式锅炉系统机理建模及动态特性研究 ［D］．保定：华北电力大学，2019．

[158] 宋瑞坤．二次再热汽温机理建模及控制研究 ［D］．保定：华北电力大学，2019．

[159] 潘岩．火电机组 SCR 烟气脱硝机理建模与智能控制 ［D］．保定：华北电力大学，2019．

[160] 余洁，杨平．基于差分进化算法的 SCR 喷氨量模型参数辨识 ［J］．机电信息，2017，（24）：106 – 109．

[161] 袁晗，杨平，徐春梅，等．基于 PSO 的连续系统直接辨识及在带弹性负载电机的应用 ［J］．控制与决策，2018，33（6）：1036 – 1040．

[162] 康英伟，王亚楠，彭道刚，等．动量方程瞬态项对单相受热管仿真模型的影响 ［J］．系统仿真学报，2017，29（5）：1033 – 1040．

[163] SEBORG D E，EDGAR T F，MELLICHAMP D A．过程的动态特性与控制 ［M］．2 版．王京春，王凌，金以慧，等译．北京：电子工业出版社，2006．

[164] FRANKLIN G F，POWELL J D，ABBAS E N．动态系统的反馈控制 ［M］．4 版．朱齐丹，张丽珂，原新，等译．北京：电子工业出版社，2004．

[165] 姜景杰，等．一种闭环对象辨识方法及其在生产中的应用 ［J］．南京航空航天大学学报，2006，38（suppl）：70 – 73．

[166] 靳其兵，等．具有不稳定初始状态的连续时间系统辨识 ［J］．控制理论与应用，2011，28（1）：125 – 130．

[167] 石晓斐，宫辰，谷朝臣．未知初始条件下连续时滞二阶系统的识别 ［J］．计算机应用与软件，2012，29（8）：193 – 195，219．

[168] 李涛永．基于现场数据的热工过程动态模型研究 ［D］．保定：华北电力大学，2008：13 – 17．

[169] 冯美方，吴恒运，房方．超超临界二次再热机组过热汽温模型辨识 ［J］．华北电力大学学报（自然科学版），2016（1）：76 – 80．

[170] TOSHIRO T. Kinetic Behavior of Mono – Tube Boilers ［J］. Bulletin of JSME，1960，3（12）：540 – 546．

[171] ENNS M. Comparison of Dynamic Models of Superheater ［J］. Transactions of the ASME，1962，84（4）：375 – 382．

[172] 上海锅炉厂研究所．锅炉单相区段动态特性的计算方法 ［J］．电力技术通讯，1977（5）：10 – 37．

[173] 章臣樾．锅炉动态特性及其数学模型 ［M］．北京：水利电力出版社，1987．

[174] 范永胜．基于动态特性机理分析的锅炉过热汽温自适应模糊控制系统研究 ［J］．中国电机工程学报，1997，17（1）：23 – 28．

[175] 李旭．过热汽温的动态特性与控制 ［J］．动力工程，2007，27（2）：199 – 203．

[176] 李旭．再热汽温的动态特性与控制 ［J］．动力工程，2009，29（2）：150 – 154．

[177] 郦晓雪，高升，李旭，等．超临界机组过热器、再热器动态特性模型研究 ［J］．发电设备，2013，27（5）：322 – 325．

[178] 倪维斗，徐向东，李政，等. 热动力系统建模与控制的若干问题 [M]. 北京：科学出版社，1996.

[179] 何仰赞，温增银，等. 电力系统分析 [M]. 武汉：华中科技大学出版社，2002.

[180] 沈维道，童钧耕. 工程热力学 [M]. 北京：高等教育出版社，2007.

[181] 赵翔. 余热利用发电过程动态特性的研究 [D]. 北京：华北电力大学，2012.

[182] 归一数，康英伟，陈欢乐，等. 再热器传递函数模型的机理建模计算方法：201610369492.0 [P]. 2016 – 05 – 30.

[183] 康英伟，李月，郑鹏远，等. 660MW 超超临界直流锅炉水冷壁系统的动态特性仿真 [J]. 热能动力工程，2018，33 (10)：52 – 59.

[184] 施海平，王淼婆. 300MW 机组主要控制对象的动态特性 [J]. 华东电力，1998 (8)：35 – 38.

[185] 时维龙. 600MW 超临界直流炉过热汽温动态特性试验与控制系统优化 [J]. 自动化博览，2014 (9)：56 – 59.

[186] 丁艳军，赵文杰，袁立川，等. 过热汽温多模型内模控制及其工程应用 [J]. 清华大学学报（自然科学版），2009，49 (11)：1805 – 1808.

[187] 于海东，孙建国，刘翠兰. Smith 预估器在过热气温控制中的应用 [J]. 价值工程，2012 (9)：20 – 21.

[188] 文群英，陆继东. 过热汽温特性试验分析及控制系统改造方案 [J]. 湖北电力，2003，27 (4)：6 – 8.

[189] 沈赫男，张凤南，吕正鑫. 基于现场数据的主汽温系统模型辨识 [J]. 计算机仿真，2018，35 (6)：101 – 105.

[190] LIETTI L, NOVA I, CAMURRI S, et al. Dynamics of the SCR – DeNOx Reaction by the Transient – Response Method [J]. AIChE Journal, 1997, 43 (10)：2559 – 2570.

[191] NOVA I, LIETTI L, TRONCONI E, et al. Transient Response Method Applied to the Kinetic Analysis of the DeNOx – SCR Reaction [J]. Chemical Engineering Science, 2001, 56：1229 – 1237.